U0678335

NAKED

Ten Truths to Change Your Life

改变生活的十个真相

〔英〕卡罗琳·福兰——著

曹怡鲁——译

浙江人民出版社

图书在版编目（CIP）数据

穿透：改变生活的十个真相 / (英) 卡罗琳·福兰 (Caroline Foran) 著；曹怡鲁译. — 杭州：浙江人民出版社, 2022.8

ISBN 978-7-213-10605-7

Ⅰ. ①穿… Ⅱ. ①卡… ②曹… Ⅲ. ①人生哲学－通俗读物 Ⅳ. ①B821-49

中国版本图书馆CIP数据核字（2022）第082232号

浙江省版权局
著作权合同登记章
图字：11-2020-445号

穿透：改变生活的十个真相

[英] 卡罗琳·福兰 著 曹怡鲁 译

出版发行：浙江人民出版社（杭州市体育场路 347 号 邮编：310006）
市场部电话：（0571）85061682 85176516
责任编辑：陈 源
特约编辑：涂继文
营销编辑：陈雯怡 赵 娜 陈芊如
责任校对：戴文英
责任印务：刘彭年
封面设计：刘红刚
电脑制版：北京之江文化传媒有限公司
印 刷：杭州丰源印刷有限公司
开 本：880 毫米 ×1230 毫米 1/32 印 张：6.5
字 数：148 千字 插 页：1
版 次：2022 年 8 月第 1 版 印 次：2022 年 8 月第 1 次印刷
书 号：ISBN 978-7-213-10605-7
定 价：58.00 元

前　言

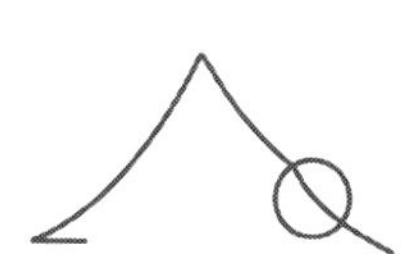

亲爱的读者，你们好！欢迎翻开我的第三本书：《穿透：改变生活的十个真相》（以下简称《穿透》）。

首先，我想先说说我为什么写这本书。

根本原因是，我特别有兴趣了解，是什么造就了今天的我，为什么我的思维、感觉以及行为方式是现在这般，我又能做些什么放大生活里的好事，忽略那些“臭狗屎”般的糟心事，这个用词虽糙却非常精准。我猜，在你翻开这本书时，你应该和我一样，愿意探索这些问题。人们为什么愿意跟别人聊个人发展的问题，愿意看自我成长类的图书，我想都是因为希望重振生活，把生活过得美好，至少这是我一贯的追求。一句话，就是让生活更轻松、更惬意，这么说不过分吧?

为了快速说清楚我目前的状态和激励我写本书的原因，让我们来做一个小小的可视化练习。

请大家把整理生活想象成打扫一所房子。这所房子凌乱不堪，打扫任务相当艰巨，需要你一间一间地清理过去。这个大家肯定都经历过，很多人也许正在进行中。这是我20岁以后到30岁出头的时候天天花大把时间做的事情。那时我常有做不下去的时候，比如在看到一堆缠绕的、需要理顺的圣诞彩灯时，我的感觉就是在我生命结束之前是完不成的，而我的生活中还有比这更难清理的破烂儿，我因此多年止步不前。但我现在可以自豪地说，我成功地挺过去了。

一个原因是，我掌控了焦虑，不再为其所控。这在我写的第一本书《掌控焦虑》里有记录。“焦虑”是一件大问题。

另一个原因是，我硬生生地击退了对失败的恐惧，因而勇气和持久的自信随之而来。这在我写的第二本书《自信大礼包》中有详细描写。当然“自信”是人生另一件大问题。

我也学会了关注我所拥有的，而不是我所没有的。观念转变了，游戏的规则随之而改变，也就意味着我为自己创造最佳的体验成了可能。

说真的，做到这些非常不容易。它们着实花了我很长的时间，而且后期还需要定期维护。

但完成这些飞跃后，我发现就剩了最后几个抽屉，堆放着让人心烦的、我自己都不知道怎么还保留着的那些玩意儿。这些破烂儿一直堆在那里，常被大家忽略，明知道应该及时处理，却总能找出无数的理由回避，总想着以后哪天再说。自然，永远不会有那么一天。

在我看来，虽然这些挡着我们走向清爽的破烂儿看似无伤大雅，就是个有待清理的柜子，算不上什么紧迫的事情，不清理也不至于妨碍自己的生活。但是你知道，当你去清理的时候，你会感到更平静，更轻松。

你会腾出更多的空间供心灵和肉体居住。

我家的这个柜子里，有一些旧电池和绷带类的东西，数量多到根本用不完。别忙，那只是我随机拉开的某个抽屉里的东西，我还有个大家熟知的抽屉，装着冒名顶替综合征、讨好、妒忌和嫉妒、社会比较、职业倦怠之类的超级有意思的玩意儿。

你柜子里放的东西可能和我的不同。但据我了解，上述这类东西似乎十分常见。它们令人烦恼，给人压力，加重原本就常袭来的焦虑，使焦虑情绪成为常态，并随着时间的推移越积越多。即使我们竭力不承认有这些情绪，比如习惯性地认为别人的坏心情是自己的过错之类，想换个角度看问题，最终还是难逃其负面影响。

然而很遗憾，清理这个想象的柜子和面对生活里的种种问题，不是一个愉悦的过程。这项工作很艰巨，需要投入大量的精力。还有，这些习惯或行为都是冰冻三尺，不能指望在一夜之间彻底改变。

我们需要的是真正审视自己，判别哪些于己无用，然后毅然去改变，大胆摆脱它们。

在我自己尝试清除这些事情的过程中，我意识到完成工作真正需要的是：愿意成为脆弱的人。

只有允许自己脆弱，才能看清自己拥有的是什么以及面对的问题是什么。只有允许自己脆弱，才会真的去扪心自问，自己是如何成长为当前的样子的，自己为什么从事着目前的行业。在这之后，改变才会发生。

你会问，为什么脆弱是改变现状的必要因素呢?

这是因为，人们未必愿意正视真实的自己。例如，我们一般不愿意承认自己对别人的成功并不欣喜。谁也不会在自己的推特（Twitter）主页上将这心思公之于众。可是，直视真相、面对真实却又是实现改变所必需的。因而，人们需要允许自己脆弱。

有趣的是，我越是把脆弱当成是获得个人成长的基本要素，越觉得脆弱应该是始终贯穿本书的，显而易见且不可回避的主题。

关于脆弱的力量和定义我将在第五章做更详细的介绍，当前我只希望你秉持开放的心态看待脆弱这个概念。我的理解是，脆弱是本真的表现，不是在各社交媒体上展示光鲜；脆弱就是自己是个什么样就表现得是个什么样，不是你自设的形象。如果你做到了真实，哪怕眼下只是在你我之间，你也很快会收获回报。

为使你从本书获得最大的收获，请和我一起一层一层剥去自己的伪装吧。说实话，一开始你会极其不适（这就是为什么我在第一章开头说到我自己几乎要疯掉），但我向你保证，你很快就会感到前所未有的解放，如同在裸体海滩自由嬉戏那般的解放，因为你知道每一个人都忙于自己的事务，才不会关心你那些鸡毛蒜皮的破事。

读完本书时，我希望你不再觉得脆弱可怕，而把它当成帮你认清自身走进真我的工具，甚至是可以为你打开健康幸福人生之门的钥匙。

所以本书的中心主题就是脆弱。

本书采用的是什么样的结构体系呢？还有其他的内容吗？

我是个结构狂，很像童书《总是小姐》故事里那个总是按时交作业的可爱小女孩。就我而言，生活即便在最佳状态时，也仍是凌乱、复杂、难以承受的——就像刚才我们想象的那个抽屉。为此，我这本书采用了易用、易懂、易上手的结构，以便大家接纳自己的脆弱并解决各种问题。

我总结了一系列常见问题。有的是亲身经历，有的是与他人交谈听来的。他们都是各自所在领域的专家，有些人很明智，愿意分享自己的故事；还有些是我费尽心思从夸张的充斥着术语的研究中扒拉和梳理出来的。

我把这些问题细分为三类：思维模式类、观念类和行为类。最后一类问题在我身上时不时出现，这些年它们无疑一直对我有负面影响。

影响之一是有心改变但无力坚持，影响之二是冒名顶替综合征。还有两个，一个是担心别人的成功会影响到自己的成功，另一个是认为所有人都该喜欢自己，否则浑身难受。

这些行为都引导我开始研究脆弱，并围绕脆弱分类整理出一系列

“真相”作为本书的主体。这些真相彻底改变了我，从“一人难讨百人欢”那章到“你什么都能做，但你不能什么都做”，《穿透》这本书汇集了一系列你不爱听的事实真相，但它们的确能帮助你在遭遇困境时修正航道。那感觉有如在寒冷刺骨的冬日，将自己浸入大海，之前充满畏惧，之后却爽得要命。

书中有些看法与大众的观点相悖，比如那个“终极目标”的说法我是不赞同的。另外一些看法是你早就认同，但平时不提起就想不起来的。所以你要时常提醒自己，更要相信并立刻照着去做。我自己也时刻提醒着自己。

本书有时候着力于安慰，恰似“温柔的拥抱”；有时候更多地发出警示，类似“踢你的屁股”。它们都各有各的作用。

需要事先声明的是，本书的许多想法对你来说并不新鲜，因为我的目的不是重新发明车轮，而是把辐条拆下，重新排列装好，让自行车骑起来更轻快。

比如，我早知道讨好别人没有什么好处，但直到我写了这本书，我才真正做到深刻地理解。

本书沿袭我标志性的“不吹牛”方式汇集这些真相。既然自己要用，那就搞笑一点。通过罗列真相，我希望，如果这些事实真相不能与你产生共鸣的话，至少有一个能打动你，让你能搬开生活中阻碍你前进、给你带来压力、让你焦虑、浪费你时间的障碍。

所有这些事实真相，都是与我之前的认知、思维或行为方式相悖的。举个例子，有一章着力探讨为什么别人的成功不会夺走你的成功，其实就是因为我原先的思维、感受和行为方式（当然是在研究之前）表现过这样的担心。这显然不好。

这样的思维给我带来了负面影响。它加重了我的焦虑，扼杀了我的自信心，让我乱了阵脚。坦白地说，它让我感觉糟透了。

再举个例子，我如今认为失败很重要，认为它能提高抗挫折能力，可这有悖于我天生要求完美、希望把每一件事都做好的愿望。

本书的每一章都先揭示现象，说明人们为什么会如此感觉、思考、反应以及行为；随后提出事实真相；接着提供切合实际的行动方案和建议。在每一章的最后，都有一个要求大家暂停片刻进行思考的部分，目的是为进入下一个话题做准备。剩下的就是我们大家一起拿回控制权，努力地去奋斗以实现期待中的改变、创造梦想中的生活。

那是对自己更友善的生活；是不再天天跟人比较的生活；是不在意别人看法、经常感到满足的生活；是不迷茫、心中安定的生活；是感恩并享受人生旅途中没有终极目标压力的生活；是不怕暴露脆弱的生活。

最后，关于如何阅读这本书我想说两句。《穿透》这本书的每一章，或说每一个事实真相都相对独立。就是说，阅读时你可以浏览和你最相关的章节。当然，你也可以从头读到尾。

我自己读书就是如此，即便是读普利策获奖图书也不例外。我给你的建议永远都是，关注吸引你的，不理会其他的。我保证，你挑着读并不会让我感觉受到冒犯。但话虽如此，第二章关乎改变你生活状态的那个真相还是必读的。

那么，这场穿透自己的心灵之旅可以开始了吗？

目 录

第一章

真相 1

参透所有，永不可能

本章的标题是“参透所有，永不可能”。你永远不会把事情搞清楚，这一章的篇幅不长，容易激发大家的阅读欲望。

从写这本书的初稿到完稿，就是现在呈现在你面前的文字，整个过程十分痛苦。（尽管没几个作者愿意承认，但编写工作确实不是个好活儿）写这本书无疑是我的职业生涯中最令我产生自我怀疑和脆弱的任务。你如果想问我的个人生活里有没有这样的时刻？一定有的。那就是生完孩子回家的时刻。

其实你看，我在动笔时就想错了。我将自己置身于一种压力之下，总觉得永远也没办法达到令我满意的地步。我当时的想法就是，既然已经创作过两本畅销书，如今要再写一本关于如何过好一生的指南，那么就得什么都搞清楚。“我应该像个专家！我该把这人生的事讲得透亮！”这是我对自己说的话，语气严厉，不带丝毫让步。多年来我都是如此。

我对这本书的写作要求是，它是一部为读者提供指南的著作，既可靠又有力，读者只要按照书中所说的去做，就可以永久改变他们的生活状态。书中的字字句句都有着脱口秀女王奥普拉[①]般的自信，会从书页里跳出来，生龙活虎地说：“我必须像奥普拉一样，我怎么就不能像奥普拉呢！”

不用说，第一天我在写了一个小时之后，我自言自语地说：“哦，我做不到。”我给编辑发短信，也是这么说的。我知道编辑很冷静，她不会介意。我希望私下里她会告诉我，别再干了。我祈求着，快发我一张“免罪卡”[②]吧？因为我就是个骗子！我交稿的那一刻就会露馅的。很扯淡，是吧！

我刚意识到自己能力不足，黔驴技穷时，我的老熟人“焦虑”和“冒名顶替综合征”就冲了进来。他们抓起一杯饮料，在我身旁的椅子上坐了下来，说：“嘿，好久不见啊。”他们嚷嚷着，脸上洋溢着得意的笑容。

他们一出现，我立刻就像被剥光了衣服，赤裸裸地面对原本就深藏不露的脆弱。当然，把焦虑和冒名顶替综合征这样拟人化给人的感觉总是不太好。

焦虑是我熟知的。只要我的生活里一有重大的事情，别管是私人生活里的，还是职场上的，焦虑就会出现。对焦虑我已习以为常，不再害

---

① 奥普拉·温弗瑞（Oprah Winfrey），1954年1月29日出生于美国密西西比州科修斯科，美国演员、制片人、主持人。《奥普拉脱口秀》（*The Oprah Winfrey Show*）由美国脱口秀女王奥普拉·温弗瑞制作并主持，是美国历史上收视率最高的脱口秀节目。同时，它也是美国历史上播映时间最长的日间电视脱口秀节目。——译者注

② “免罪卡”（原文为“Get Out of Jail Free card”），持有此卡的玩家在游戏里进入监狱后，不用交钱就可以离开监狱。——译者注

怕。事实上，要是我正着手做一些对于我意义重大的事情之前，不感到焦虑反而会令我担心。我就是这样一个人。召唤我行动的总是“天哪，我能做成吗”或“要是不承担这件事，日子不是更惬意吗”这样的感觉。没错，身处这样的焦虑会让我感觉浑身难受，但它带来的也不全是坏处。它令我做好准备以面对眼前的任务，它让我的感官更敏锐，让我更有勇气尝试，去看看是不是能柳暗花明。

这种时候，我一般化焦虑为助力。我需要焦虑。

但是冒名顶替综合征没有办法忽略。我真的是个冒名顶替者吗？还是这就是我的脆弱心态编出来的说法，而我选择了笃信？

我对冒名顶替综合征的理解是，这是一个至少70%的人在某个时刻都曾有过的心态。它有几个形态，多数定义认为，冒名顶替综合征患者对自己所取得的成功感到心虚。这一点在女性身上尤其常见，她们比男性更倾向于将自己的成功归结为运气或巧合，而不是归功于自身的勤奋和坚毅。根据这个定义，冒名顶替综合征是指这样一种偏见，即总认为自己是个骗子，是个失败者，哪怕所有证据都表明她们不是。

当我有机会写我的第一本书时，我就产生了这种冒名顶替综合征。我有资格写这本书吗？我不这么认为。

然而，当我们要动笔写第三本书的时候，冒名顶替综合征却以一种略微不同的形式呈现了。在这一点上，它成为一个听起来很阴险的名字，用来形容当我们相信我们向世界展示的自己与我们看待自己的方式不一致时，我们所经历的一种非常常见的不和谐感。这是我最常经历的。这并不是说在你取得了一些成就，比如获得了升职，觉得自己不值得，而是说在你即将开始一件事或者你正处于某件事的最紧要时刻时，你会觉得自己像个骗子，比如，在面试中，当你试图表现得比自己想象的更有能力时，感觉自己像个冒名顶替者。

在这种情况下，在我写作生涯的这个阶段，我希望向世界展示的是，我现在是一个真正的专家。但是，事实上，我的名字后面没有那么多头衔，我的资历也没有那么深，我是不是专家这并不是一个主观看法。我不是专家，那又怎么样呢？

更多的恐慌随之而来。我是不是该接受自己不是专家的事实，马上放弃写作呢？或者是硬着头皮坚持下去，期待没有人戳穿呢？

我认真考虑了这两个选项。

我决定公开说明我是个专家，继续写这本书，假装一切都已经弄好了。因为只要我决定把自己打扮成一个专家的样子，装成有能力解决一切问题继续写作，冒名顶替综合征就不由自主地冒出来，无时无刻地在我周围缠绕，我就不得不去应对它。但我也不能完全弃船，我可是签了合同的。我的确还有第三个选项，那就是我必须将我示人的那面和真实的那面合二为一，当没有了撕裂感，即可摆脱苦恼，稳步向前。20世纪90年代不是有句话叫作“佛要金装人要衣装”吗？不管是不是以前的经典名句，我想表达的撕裂感就是这个意思。可以看出，能不能摆脱撕裂感就看一个人敢不敢暴露脆弱。而当我坐下来写第一章的第一页时，我对如何面对脆弱完全没有做好准备。

看完我的样章，编辑回复我的短信里“嘲笑”我说：“你写的是一本探讨脆弱的书呀，这才是重点。你该有这种感觉吧，你现在最该面临的挑战是克服自我怀疑，走出困境。”

这个回复我虽满意，但是，真要命，她说得对。这样的感觉很痛苦，却很有必要。它不仅仅对写作有必要，对生活也是必要的。

我花了相当长的一段时间才接受了这个事实，而且还时不时地回想。但这就是我必须面对的第一个真相，我必须吞下的第一颗解药，那就是，我永远不可能参透所有问题。而你也一样。

人们永远不可能对所有问题都了然于胸。未知本就是人类的境况，没有什么大不了的。事实上，未知是一件好事。因为有未知，生活才有趣。如果一切皆知，那该多么无聊。没有未知，我们就不会为了成长或学习而感到烦恼了。

所以，为了把那两个我重合起来，从而杜绝冒名顶替综合征冒头，我要一点也不夸张地坦率承认，我和你没有什么两样，我一样不懂如何生活。

即便是医生，他们也不能解决所有问题。（尽管你希望在他们拿着手术刀靠近你的时候，一定要懂得比你多。）我所能做的，是跟你分享我的经历；通过文字分享我的收获，分享现在的抑或是未来的心得和想法。这里有自信，也有焦虑；有工作中的压力，也有家庭生活的幸福点滴。我不会从第一页开始就给出所有的答案，尽管那是个不错的提议。但相反，我会一边写一边解决问题给出答案。

虽然我不是传统意义上的专家，但我有好奇心。一直以来，我着迷于人类大脑的工作机制。比如，思想是如何影响情绪的，情绪又是怎样影响行为的，它们又是如何影响日常生活的，等等。

我最喜欢阅读的是有关神经科学方面的书籍，因为它们揭示了人脑的运作方式及其道理。当其他人沉迷于探讨我们生活的这个小小星球之外的问题时，我更关心的是我们脑袋里那堆脂肪有着怎样的工作机制。

支配人们行动的那团糨糊般的物质，尽管平均仅重3磅[①]，只占成年人体重的2%，却需要我们身体总能量的20%甚至更多来完成它的工作。它是我们身上能量需求最大的器官，尽管看起来只不过是一堆肉末（我不是说过平时我经常长时间观察大脑），但它有着1000多亿个神经元。正是这些神经元之间的沟通和交流，使得我们能够操纵双腿向前迈步，能够解决复杂的问题。

我曾有过严重的焦虑，经常过度思虑和分析。这是我痴迷人类生理机制研究的原因。为什么呢？因为我认为，这些知识是强大的武器，能最好地帮助我应对问题。

大家都承认，有时候不管你觉得生活有多顺，生活总会出其不意地给你来上一脚，把你踢到一边。但我很想知道的是，我怎么能从中更加理解生活，怎么能变得更加有韧性、更有能力应对生活中的突发事件，以便我能快速回弹到原本相对满足的状态。我相信，你也会产生这样的愿望。

我给自己施加的另一个的压力是，我30岁出头，尽管眼角已有了细纹，抬头纹深得都能夹得住铅笔了，但还经常被人说成是乳臭未干，你能有多少见识？我还真没有，可难道我只能等到50岁或风烛残年时，待我洞悉了一切，了然世俗智慧和经验时，才能回视一生，创作此书吗？

哦，不，怎么可能！

即使是奥普拉（上帝饶恕我，我又提到了她）或托尼·罗宾斯

---

① 磅（pound）是英国与美国所使用的英制质量单位。1磅=0.9071847斤，文中3磅≈2.72斤。——译者注

（Tony Robins）[①]（抱歉，我是他忠实的读者）或是那些能在拼趣（Pinterest）[②]平台把陈词滥调搞得妙趣横生的人也不是什么都明白。你花了一小笔钱参加了一场有关动机的研讨会后，感觉浑身上下都是灵感和精神食粮，但真相是，无论一个人说得多么天花乱坠，这个星球上没有任何人能告诉我们大家如何生活。我不能，你不能，把照片墙（Instagram）[③]主页做得完美到叫你酸溜溜直呼“我去”的那个人也不能。

世上没有什么权威指南。痛苦、失败、错误、混乱、跟头才是人类生存的核心和常态。大家都会继续遭遇这些，直到人生终点。

这些都无法避免，也不该刻意避免。

不过，我们能做的是分享经验、教训、见闻以互相支持。总之，我们可以一起得出一些论断，让生活更容易驾驭。我们可以说“哦，这很有道理”或者“哦，是的，我想我不是唯一一个有这种感觉的人”。这些论断会给我们力量。

人们很擅长的一件事就是与其他人建立关系。我真的把它看作是我们最大的财富和幸福的最基本要素。有关这些后面的章节会讨论，但是

---

① 托尼·罗宾斯（Tony Robbins）励志演讲家与畅销书作家，白手起家、事业成功的亿万富翁，是当今最成功的世界级潜能开发专家之一。——译者注

② 拼趣（Pinterest）采用的是瀑布流的形式展现图片内容，无须用户翻页，新的图片不断自动加载在页面底端，让用户不断地发现新的图片。拼趣堪称图片版的推特（Twitter）。——译者注

③ 照片墙（Instagram）是一款运行在移动端上的社交应用，以一种快速、美妙和有趣的方式将你随时抓拍下的图片彼此分享。2012年4月10日，脸书宣布以10亿美元收购照片墙（Instagram）。——译者注

要获得这种关系和幸福，需要的是脆弱，这是全书的精髓。

每个人都会有崩溃散架的时候，有跌倒摔跤的时候。但此时一点帮助、一点对自己的认识和理解，就能让我们试着重新站起来。但是，我又要说了，要站起来，我们需要允许自己脆弱。无论我们是10岁、20岁、55岁还是100岁，我们始终学习、成长、承受，然后崩溃、变强，再审视和思考。

这个道理就像在健身房锻炼肌肉一样，我们总是撕裂再重组，然后重建一个更强大的自我。

人们的一生都在不断调整，对不期而遇的各色经历和一系列的选择做出回应。虽然在这本书首次出版的时候，我只有32岁，但是智慧不受年龄的限制，好奇心当然也是这样。

理查德·泰普勒（Richard Templar）[①]在《破茧法则》中写道："你会变老，但不一定会变聪明。"这既令人欣慰，也令人担忧，完全取决于你如何看待它。

我问我母亲，在现年65岁这个年纪，她是不是已经能"从胳膊肘看出屁股的样子"。这是爱尔兰人的说法，意思是你了悟自己此生之所为，或者说已经参透所有。我问她是不是达到了这个境界。

她的回答是："我只知道屁股比胳膊肘大。"

我只想说，她永远是我灵感的源泉。

就这样，我在内心与站在房顶上不断咆哮着诉说我这也不行那也不行的冒名顶替综合征作了长期艰苦卓绝的斗争，终于完成了你们手中

---

① 理查德·泰普勒（Richard Templar）欧美畅销书作者，被誉为"个人成长"的导师。——译者注

的这本书。我是怎么赢得这场斗争的呢？答案是投降。我接受了自己不可能参透所有问题这个事实。我用谷歌搜索了那些成就非凡的人，我发现其实他们我们大家一样无知。我放弃了假扮别人；我剥去了用以躲藏的层层伪装；还有就是，我不仅接受而且掌控了自己的脆弱并与你们分享。我变得真实，真实到一丝不挂，正如书名所示。

事实就是，无论作者怎么努力，都不可能写出一本书，号称解决世界上的所有问题，都不可能为读者提供一个打包好的幸福药方，号称可以治愈他们所有的压力和焦虑、保证让他们永远远离那些问题或者像火种（Tinder）[①]交友应用吹嘘的那样帮助他们找到永恒的真爱。

作者们也只是些正在为自己的生活找出路的人。没错，即便是给人们花式启迪的《当下的力量》一书的作者埃克哈特·托利（Eckhart Tolle）也是如此。他们所能做的只不过是用文字发声，真实地反映人们所历经的苦恼，引发大家的共鸣。

他们通过这些文字告诉你，有很多人和你一样有着这样或那样的问题；通过文字让你获取所需的信息和鼓励，激励你做出改变或向前迈进；通过文字让你换个视角看问题，或者把你往正确的方向推一把；通过文字提醒你想起那些你明明知道、但已经忘记或不敢承认的真相。我希望我的这本《穿透：改变生活的十个真相》能取得同样的效果。我希望这十个观察、提醒和新视角能帮助你理解事物的走向和人们行为方式

---

① 火种（Tinder），目前国内没有官方统一中文名称，是国外的一款手机交友App，作用是基于用户的地理位置，每天“推荐”一定距离内的四个对象，根据用户在脸书（Facebook）上面的共同好友数量、共同兴趣和关系网给出评分，得分最高的推荐对象优先展示。——译者注

背后的原因，然后你就能对自己的日常行为做出必要的改变或调整了。假以时日，你的生活必将有重大而积极的变化。

我们现在是不是该来点硬核内容了?

不错，但还有下面的思考时刻……

思考时刻

尽力搞清自己的冒名顶替综合征从何而来。

如果觉得自己的成就名不符实，那就多想想基本事实。你会看到，你的成就不仅仅是靠运气。如果你像我一样，觉得自己还没有参透所有问题，你则需要接受一个事实，那就是你永远都不可能参透所有问题。但你不要因此止步不前，接受了这一点，你将感受到那是多么轻松。

多思考，多求助，有疑问就提出来，别犹豫。要知道，其他人要么也有同感，要么也做过同样的事情。

尽力消除造成心虚感觉的名与实之间的差距。观察自己在哪些地方存在多面性，是示人的那面和真实的那面不一致？是在恋爱婚姻中，还是在职场里？你能把这些多面的自己重合在一起吗？一旦两面性消失，你能在任何场景掌控脆弱，冒名顶替综合征自然就消失了。相信我。

眼下没有答案不能说明你没有能力找到答案。

第二章

真相 2

改变人生从不容易

在深入讨论本章内容之前，我需要先做以下澄清。

我并非建议读者要去改变自己，说不定你根本没有这想法。那是你的福气，我都有些嫉妒呢。你之所以拿起这本书，因为这本书是别人当作礼物送给你的，恰好你乘坐的巴士堵在路上，手机又没电，你只是需要不记内容地读些什么去打发时间。不过这完全没有关系。要是你手中的书是纸质的，你还可以把它当个不错的杯垫呢。

要是你确实打算改变，那也很不错。其实，改变不见得是因为对自己心怀不满，想把生活过得更好，它可以是想把生活过得更轻松。比如你心里想“我今后也要多优先考虑一下自己的需求”或者“改变自己能大大减轻压力和焦虑”。避免对自己少用些带有批评意味的字眼，比如“这太不好了，一定马上改掉”之类，而多用些自我关怀的话，像“这对我说不定会更好”之类。

一旦改成这样的说法，改变就会向着有益的方向发展。

另一个要澄清的是，当我在本章或本书其他章节中谈到改变时，我指的是行为的改变。我认为，行为受思想和情绪支配，在很大程度上决定着人们的生活方式。

首先，我们必须花点时间去解开有关“改变生活状态”的真相并进行反思。罗宾·夏玛（Robin Sharma）在其著作《凌晨5点俱乐部》（*The 5 AM Club*）中说的一句话很有道理。他说：“初识一切真相时都难以接受，之后会有些许迷茫，最终将无比愉悦。”我相信，当你拿起这本书的时候，心里多少都有一点想完善自我的念头，无论只想有一点点改变，还是想如布莱特妮·墨菲（Brittany Murphy）在《独领风骚》（*Clueless*）里饰演的角色那般改头换面。

你一定曾想过改变自己的行为方式。我几乎每周有一次，我会想：“我以后不能这样反应”“我希望有勇气对不想做的事情说不”“我应该不要那么在意别人对我的看法”“我真不该再吃成堆的巧克力”“说真的，我有乳糖不耐受，吃巧克力会腹泻”。天哪，这最后一条说的好像就是我。如果你感觉这些想法简直太熟悉了，那么欢迎加入俱乐部，会费全免。

这些想法往往一到新年尤其强烈。人们很容易妄想通过读一本类似《秘密》这样的书或听一场鼓舞人心的TED①演讲，就让自己立马焕然一新，优秀起来。

拿我自己来说吧，我都记不清我买过多少励志类杂志了。每买一本我都坚信这一本（而不是前面11本）能把我变成一个生活有条有理的女王。我会对自己缴多少税一清二楚；早餐前就已完成了早锻炼。可是这

---

① TED（指Technology，Entertainment，Design在英语中的缩写，即技术、娱乐、设计）是美国的一家私有非营利机构，该机构以它组织的TED大会著称，这个会议的宗旨是“传播一切值得传播的创意”。TED诞生于1984年，其发起人是理查德·索·乌曼。——译者注

些杂志真正有多大帮助呢？这么说吧，它们发挥的作用是充当了垫子，把电脑显示器垫到了一个对眼睛更舒服的高度。

但错不在杂志，错在我自己。我的初衷好到不能再好，我事无巨细地记录着饮水量、月经周期等每一件琐事，也记录着我对一些琐碎小事的感恩。比如，我庆幸清晨能喝到一碗燕麦粥，能享受通畅的排便带给我的快感。接着，几天之后，一切都烟消云散，杂志承担起了它毕生的角色，就是承受我的咖啡杯砰的一声放在它身上的重任。

我盯着那些励志金句，直到确信自己已经内化了它们的精髓。然后我感觉大功告成："感谢你的指点，拼趣（Pinterest），我不会老跟别人比了！"

我把其中一条金句贴在照片墙上（当然，我此时正舒服地钻在羽绒被下），我把自己想象成一只凤凰，从我的灰烬中崛起。心想："我是重生儿，你是谁？"哎，要是真那么简单就好了。

这就是现实，即本章的核心真相：人们想要改变又缺乏行动，还总希望变化一蹴而就，用不着自己做什么。

想想是不是？

我是一个不擅长行动的人，这一点我的经纪人艾米最了解。她非常不错，人很善良、友好而且很支持我。但她也会直截了当地指出我的问题。她更像是一个导师、生活教练、治疗师、密友，而不仅仅是一个经纪人。

我们每月有一次会面。记得上一次，我告诉她我想做这个想做那个，激情澎湃地吧啦吧啦不停地跟她说着我的愿望："这个我想要多做一点！""我想让自己达到这样的高度！"

她说：“很好，那就去做，马上去做。”

一个月后，我又见到她，再次跟她说：“我的确想做这件事儿还有那件事儿。”

她打断我说：“卡罗琳，你有很好的想法，你的愿望很好，但你真去做了吗？你实际付出了哪些努力去实现？”

必须承认，大家都有这样的心理感觉，那就是，计划在嘴上说一说、心里想一想，好像就完事了。购买了一整套新的运动服，还没举一次哑铃呢，也会感觉已经大功告成了。

如果在这一点上你有些像我，你就会发现，想行动和真行动之间有一个惰性地带，而你就深陷其中。

我写这本书时的状态就是这样。在大约6个月的时间里，当大家问我在做些什么时，我会说：“哦，我在写我的第三本书。”我还会告诉自己和其他人，我的计划是每天早上5点起床，这样我就可以在正式工作时间开始之前完成计划中的某一部分。这显然是受到了罗宾·夏玛（Robin Sharma）的激励。我总觉得好像没有什么问题能让他纠结，即便这是我的幻觉。我想得真好。然而，当有个朋友几个月后问起我的进展时，我才发现，在整个这段时间里，我只是在反复地说，却一个字都没有动笔。我甚至都还没有坐下来尝试写一个字呢！而我唯一一次早上五点起床是为了赶飞机，而且当时起得还特别不情愿。

我为自己的一无所成而自责。但自责不像大家想象的那般能带给人动力，所以我转而思考，到底是什么原因使我按兵不动。终于我意识到，那是出于对失败的恐惧。凡事只要还没有开始，就仍然是有潜力的，对吧？

不过，我就是动不了笔，因为改变这件事，无论它是哪种形式的改变，都是很痛苦的。

这要花时间，花精力，要走出舒适区，走进不适区，需要意志力或自控力等。而对于自控力，我全然有误解，接下来会谈到。

真要做到改变，我们需要站在镜子面前，长时间地、严肃地、认真地检视自己是谁、是干什么的、是怎么待人接物的；检视哪些事行之无效、哪些事非自己所愿。这个过程必然不会让人愉快，因为它让我们的脆弱暴露无遗，这不是我们情愿做的。

脆弱等于不好，或者说我们从小就被灌输了这样的思想。

所以，我们一味地掩盖脆弱，说起改变来就打哈哈。我们不愿意改掉从前的行为模式，却期待着不同的结果。

而我发现，任何积极的改变，都需要从以下两点开始：

1. 允许自己脆弱。因为一个人总有情绪低落、做事失败的时候。

2. 了解改变为什么那么难。即便想要改变的动机相当强烈，改变也是一个痛苦的过程。

第五章将详细讨论第一点，现在我们来讨论第二点。

正如查尔斯·杜希格（Charles Duhigg）在他那本普利策获奖著作《习惯的力量》（*The Power of hability*）中不容置喙地写道："你是谁和你期望成为谁之间相差的是你的行动。"

他说得对，书读得再多也不起关键作用（我要先对为我出书的出版社说声抱歉了）。书只在你为改变做出努力的过程中起辅助作用，它不能替你改变。

你某一天心血来潮，决定第二天一觉醒来，就不再一味地讨好别人；或者打算不再对自己那么苛刻；又或者改掉在床上刷社交媒体的习惯。不过不幸的是，这世界从来就不存在发现毛病就能立刻改掉的好事。

心理学界早有定论，改变是一件困难的事，原因是，大脑有习惯倾向。说白了，人们所有的日常行为和身边发生的一切都是习惯使然。杜希格说，人们要想改变，必须先弄清楚行为背后的原因。

大脑总是尽可能地趋向稳定状态。换句话说，大脑的默认状态是能不动就不动。

大脑选择这样做是有道理的。因为自动化和无须多少思考的行为越多，大脑越能把更多的精力放在真正需要的地方，比如工作中需要集中精力处理的复杂问题。通过让大部分事情自动地进行，大脑掌管高级思维、执行和理性的前额叶皮层才能得到休息，以使这个区域活跃起来时能异常活跃。在某些方面，前额叶皮层就像一个歌后，不愿被打扰。除非万不得已，否则她能不起床就不起床。

大脑总是会选择最平坦的道路。从省力角度而言这没有错，但它对最大利益少了一份心思。大脑总是会想，“当下什么是最容易、最不折腾我的呢？”举个例子：“是吃麦芬松糕，还是从切菜开始做沙拉？”“是靠在沙发上，还是起来运动运动？”大脑不太考虑大局远景，不太考虑当前所为将如何影响未来。它不乐意唤醒前额叶皮层，所以它会权衡事情：我们可以在自动驾驶仪上这样做吗？我们可以不费力地做到这一点吗？

大脑不仅竭力避免思虑过多，它还尽量形成习惯，让我们做起事情来更容易或者更确切地说，是让它工作起来更容易。这仍是因为大脑很懒。每天早上都要思考泡茶的每一个环节绝对是浪费大脑资源。

如果你曾经觉得自己陷入了一种思维或行为定式，就是因为你的大脑形成了习惯，这是它节省能量的举动。

神经科学对习惯的研究已经非常广泛。我感觉，理解这门科学非常有助于理解为什么做出改变是一件非常不容易的事。心理学家兼经济学家丹尼尔·卡尼曼（Daniel Kahneman）在其著作《思考，快与慢》（*Thinking, Fast and Slow*）当中非常简单明了地解释了这个过程。

他将我们的前额叶皮层称之为“系统2”。他指的是我们的前额叶皮层——正如你现在所知道的，这是我们大脑中分析最佳行动过程和做出决定的一部分，但它并没有真正涉及对人们生活习惯的研判。《黑猩猩悖论》（*The Chimp Paradox*）一书的作者、精神病医生史蒂夫·彼得斯（Steve Peters）给它换了一个更形象化的名称，他将我们大脑的这一个区域称之为“成人脑”。我们大脑的另一部分，即那个更冲动、更自动、几乎无意识地执行习惯的那个区域，被卡尼曼称之为“系统1”。这个“系统1”也有人称它为“原始脑”。彼得斯更夸张地称之为“黑猩猩脑”，我认为这特别恰当。

所以一个人有系统1，同时也有系统2。系统1是原始脑，由海马体、杏仁核和下丘脑组成，是在人类演化过程的早期、在人类生存还很艰难的时期形成的原始的脑区域；系统2是成人脑，即前额叶皮层，是在人类演化过程中相当靠后的时期才发展起来的脑区域。这两个系统如同各自站在我们肩膀上的天使和魔鬼，它们时常发生冲突，在自控力受到考验时尤其如此。这个我们待会儿再说。

前额叶皮层的主要工作是促使大脑做出正确的选择。遗憾的是，正确地选择往往不容易。原始脑就是直接选择容易的事情，只考虑瞬间的满足和生存。

举一个现实生活中的例子。人们在学习一项新技能或者开始一项新的日常工作时，系统2开始工作。这时要做的每一个细节都必须有意识地去关注，既费力又耗神。它需要做大量的信息加工，耗费大量的精力。这对大脑所喜欢的体内平衡稳定状态是一种扰乱，是大脑所不乐见的。

你若曾做过一份新工作，对此就不会陌生。最初几周，每当回到家后，脑子都转不动了，只想睡觉。但是，当天天做，做了几周之后，工作就会变得容易得多，已经用不着你太多的思考和消耗太多的精力。之所以会这样，是因为我们无数次地将同一信息从大脑的一个区域传递到另一个区域，因而走出了一条路，更确切地说，开辟了一条神经通路。

神经通路一旦建立起来，经过多次的重复，它就会在触发时自动运行。你坐进车里，插上钥匙，发动车子跑起来，整个过程几乎是无意识的。你手上进行着开车的基本程序，脑子里可以在想着别的，到此为止的整个过程都是交给系统1那个自动大脑，从而不动用后备力量，因而前额叶皮层可以回到它所喜欢的懒惰状态。

从基本面看，这是件好事。因为如果一个人需要对一举一动都付出关注，那么不到吃午饭的时间大家就筋疲力尽了。话虽如此，有时候发展出神经通路，或者说形成习惯也会对我们不利。这仍然是因为我们的大脑会尽可能地把我们往最容易的方向拉。例如，有人工作上请你帮忙，你更有可能说“好”，因为这从短期看是更容易的回答，即使你的理性大脑知道这会打乱你自己的工作。大脑总是倾向于选择容易的，然后经过一段时间，将这个过程固化。

聊到这里，好像我们的大脑天生抗拒变化，或者更具体地说，大脑抗拒对我们有利的变化。但这并不意味着改变完全不可能，而且绝不该让你因此却步。你完全可以创造新的神经通路，形成新的对自己有利的习惯。为此你先要了解这个人类大脑共有的抗拒变化的神经倾向，仅仅是了解这一点，你就已经踏上了改变之路。

如果你还没有走开，仍然在听我讲，这一步已经算完成了，高呼万岁吧！剩下的就是投入自控力，这要重点说一说。

自控力对改变至关重要，因而了解它同样重要。要了解人类诸多行为存在的缘由，比如说讨好、爱关注负面的东西等，就必须回头追溯人类的历史，把自控力看成生存技能就好理解了。

几十万年前，人们有一些自适应能力是相当重要的，否则生存就会受到威胁，在部落里就不会有好日子。例如，在那个年代，人们必须出去寻找食物，不可能躲在后头靠偷邻居的晚餐生活，否则可能在睡梦中就被人家宰了。这理所当然，人家可是拼尽力气才追到的那头野兽。这一幕搁在今天不可能发生。（但是也不一定。大家都知道，有一次我发现我丈夫，偷吃了我仅剩的一块炸鸡时，我恨不得杀了他。）可这种能力在人们不断实施自控力的进程中依然发挥着作用。

如今的研究表明，自控力与情绪的修复力、更高的生活满意度、更健康的人际关系、更好的体质甚至更多的财富都有着密切的关系。

关于自控力最著名的研究之一是由心理学家沃尔特·米歇尔（Walter Mischel）主持的“棉花糖实验”。他目前就职于哥伦比亚大学。实验中，米歇尔给了一群蹒跚学步的孩子一盘棉花糖。孩子们被告知，看管他们的大人必须离开房间一会儿。如果孩子们能等到大人们回来，就可以吃两块棉花糖。如果他们等不及，可以按铃，看管人就会回来，但是这样做的结果是，他们只能吃一块棉花糖。你大概能猜到我会选哪一个了。

30年后，研究人员再来看这群孩子的表现。结果发现，那些在当年能抵制住诱惑，能行使自控力的孩子似乎比那些没有能抵制住诱惑的孩子发展得更好。他们的SAT[①]成绩更高，说明了自控力比智力更能预测学业成功，他们的身材也更好，而且在其他方面也有显著的差异。这项研究以一种非常简单的方式表明了自控力对人们生活的影响。

今天，自控力这个词在自我完善训练领域经常会听到。人们依靠自控力完成为自己设定的大大小小的目标。有了自控力，我们可以唤醒沉睡的前额叶皮层。一旦唤醒前额叶皮层，原始脑便不再能主导一切，而由成人脑来发号施令。有了自控力的参与，我们就能形成习惯来促进改变。

大家对自控力多少都有点认识。关于自控力有很多定义，比如自控力是自我控制的能力；是自我调节的能力；是抵抗短期诱惑的能力；是驾驭原始脑的能力；是选择延迟满足的能力等。

但是，自控力常被认为固定不变，是类似人格属性这样的先天特质。我们每每看到那些早上6点起床去上健身课的人和那些总是把该做

---

① SAT，也称“美国高考”，是由美国大学理事会（College Board）主办的一项标准化的、以笔试形式进行的高中毕业生学术能力水平考试。其成绩是世界各国高中毕业生申请美国高等教育院校入学资格及奖学金的重要学术能力参考指标。——译者注

的工作早早做完的人，就会想，我要是有那样的自控力就好了。我就是觉得自己压根就没有那个基因，我总是为了一时痛快放弃长期目标。然而，这不是真的。只要努力改善，自控力是可以提高的。

那个著名的棉花糖研究似乎有一点没有涉及，那就是，那些当时无法抵抗诱惑的孩子有可能在成长过程中用心锻炼自控力而学会了抵制欲望。这项研究似乎暗示，自控力是在某些孩子身上与生俱来的，而在另一些孩子身上则是千般难求的。对此我称之为胡说八道。我就是那种孩子，甚至在他们还没有解释完实验过程的时候我就把棉花糖塞进了嘴里，但这并不意味着我注定要过一种卑微低劣的生活，因为我可以在任何年龄努力锻造我的自控力。相信我，你也一样可以。

另一个我们大家少有人意识到的是，自控力是需要不断喂养和定期补充的东西，自控力再强的人也是如此。可以这么说，维持自控力本身就需要自控力。而且，疲倦或压力过大时，原始脑通常会打败自控力。

为了更准确地理解自控力，我向健康心理学家、斯坦福大学讲师凯利·麦戈尼格尔（Kelly McGonigal）博士求解。是她让我认识到，人们对压力的解读比身体实际承受的压力更影响健康，这一点在我的第一本书《掌控焦虑》中讨论过。她的相关书籍叫作《压力的积极面》（*The Upside of Stress*）。

麦戈尼格尔在她2011年出版的《自控力：和压力做朋友》（*The Willpower Instinct*）一书中，将自控力分解为三种力量：

“我不要”的力量。

“我要做”的力量。

“我想要”的力量。

如果说有一件事让我很纠结的话，那就是对别人说“不”。在我写这一章的时候，我在西班牙一间闷热的酒店房间里，没有网络，只有一台电视播放着无聊的肥皂剧。我到这里来为的是隔绝各种诱惑，偶尔来一杯“桑格里亚酒”。为了完成写作，我需要抛开家里的一切干扰。因为无论是冰箱的嗡嗡声呼唤着我去吃零食，还是我家小狗用它那双萌萌的大眼睛望着我，或者是电子邮件的叮咚声提醒我查看信箱，又或者是照片墙的推送拉我去看俊男美女穿比基尼的靓照，我都做不到拒绝。我这时缺少的就是“我不要”的力量。

“我不要”的力量指的是，拒绝或者选择舍弃某些东西的力量。例如，“我不要吃第二块巧克力，因为吃了肯定会胃里难受”或者“我不要去参加那个活动，因为那会让我很晚才回家。我第二天还有很多事要做，真的需要早点睡”。

但是，正如麦戈尼格尔所解释的那样，自控力绝不仅仅表现在说“不”的时候。它不是只表现在遏制欲望上，它也常表现在为达成目标或实现改变而采取的积极行动上。此时说的是“是”或“我要做”，即要选择拥有某些东西。她举例说，在跑步机上比原计划多跑10分钟需要的就是这种“我要做”的力量。这表现在我身上就是，“我要去西班牙完成写书的任务，因为那对我是最佳选择”。

注意到两者的区别了吗？换了个想法，自控力就变成了推动力，而不再是对抗力。

接下来是自控力的第三种力量，即“我想要”的力量。它不如前两个反应灵敏和直接。前两个“我要做”和“我不要”的力量体现在日常生活中，是遇到障碍和触发事件时才会参与指引行动，而“我想要”的力量是无论何时都要知道自己想要什么生活，知道什么能促成，什么会妨碍自己实现这一目标。

总的来说，“我想要”的力量有助于产生更贴近价值观和目标的行为。为什么呢？这里必须重复查尔斯·杜希格的话：“你是谁和你期望成为谁之间相差的是你的行动。”

如何增强自控力

以下是增强自控力的六个步骤。牢记这六个步骤有一个好处，就是你追求的改变——即本书着重探讨的心态和行为方面的积极变化——更容易发生。

1. 换个说法

麦戈尼格尔给了一个令人耳目一新的建议，那就是更多地关注自控力中“我想要”的力量。她说，有个研究发表了一个观点，即自控力作为资源是有限的，是会用尽的。但她注意到，这个研究的重点放在了被试做自己不想做的或不在乎的事情的意愿上。比如，把手放进冰桶测试忍耐时间。我承认，这个实验很好玩，但这些行为并不会在现实世界里发生，除非你给我一大笔钱看我能坚持多久。

然而事实是，在做自己热爱的和对自己有益的事情时，自控力远不像大家以为的那么有限。她建议，为了更好地利用自控力，我们在做决定时，比如我们在决定选择健康食物、放弃不健康食物时，大家在心里换一个说法。例如，在努力拒绝炸了三遍的薯条和当地的中式外卖炸鸡肉丸子的过程中，用 “我想要”或“我要做”来表达，而不用“我不要”来表达。

这比把自控力只看成克制欲望的工具有效。麦戈尼格尔所说的“被剥夺感”将消失，取而代之的是坐在驾驶座上的把控感。自控力因此转变成了选择和争取积极改变的工具。这并不是说，换个说法一切都能柳暗花明，但这可能会让事情容易一点。

简而言之，尽量将目光看向正面的和肯定的，而不是负面的和否定的。宏观地说，就是要知道自己想要什么。

2. 保持正念

一旦了解了习惯和自控力背后的心理，下一步就是采取行动。查尔斯·杜希格认为，最好是从他所谓的“奠基石习惯”开始。我发现这相当有用。

奠基石习惯指的是可以引起联动作用的习惯，即能引发其他领域积极的连锁反应的习惯。对某个人来说，就好比是一个去健身房的习惯。这个习惯会令他们吃得更健康，也能减轻他们的拖延症。

然而我建议大家在制定大目标之前，先从正念开始。为什么呢？一来，有科学研究表明，正念和冥想的作用力强大；二来，优先提升自我认知会令你更游刃有余地面对每日的自控力挑战。

记住，人们所做的事情大多数都是自动发生的。如果我们能更清楚地认识到哪些习惯有益、哪些习惯无益，我们就可以更好地运用自控力，让它指导行动和行为。当然，自我认知并不容易。大家一定记得，大脑是不喜欢动的，而且这个建议也有点抽象。所以为了让它们能看得清摸得着，我们可以通过每天给自己规定3到5分钟的时间进行正念练习。这也将有助于你提高其他领域的认知。

最好是选择某个应用程序用以引导冥想。我最喜欢的应用程序是我的生活（MyLife）①。另一个办法是在手机上设置闹铃。当铃声响起的时候，继续做你当前在做的事情，不要被它打断，那不是指示活动结束的声音。这时你要做的是觉察周围的环境、你正在进行的活动、你的思想和你的身体。

人们对自己认识得越多，自控力就越强，也越容易将其运用到其他领域。

3. 饮食、睡眠和运动——优先考虑的基本事项

身心疲惫严重影响自控力，这一点大家一定有亲身体会。这不难理解，因为前额叶皮层活跃起来需要能量的支持。要让它工作，我们必须火力全开。筋疲力尽的状态下，前额叶皮层会短暂受损。

能量消耗过多后，人们会遭受所谓的“轻度前额叶功能障碍”。因为此处是大脑调节情绪和分配注意力的区域，所以一旦发生障碍，原始脑就会返回驾驶位，一个人就会偏向瞬时满足感，变得情绪化。

当然，人们不可能一直保有满格的电量，当电量不足的时候，自控力是打了折扣的。所以，你不要对自己太苛求，先睡一觉，千万别指望睡眠不足还能收获良多，科学已经一次又一次地证明这是胡说八道。要想在生活的各个方面都取得成功，睡眠是你最大的资产。

我还发现一个很有用的训练，即关注未来的自己。麦戈尼格尔认为，在自控力不足时，想一想未来版的自己，自控力能得到加强，所以一定要让自己熟悉这个未来的自己。她说，人类向回察看一路走过来的

① 我的生活（MyLife）是一个简单而功能强大的个人时间和任务管理软件应用。——译者注

自己总是比朝前看想象未来的自己要容易得多。这自然不难理解，因为过去是已经经历的事实。她认为，人们如果能够向前看，头脑里想象某件对自己意义重大的事及充满期许未来的样子，能进一步激发自控力。麦戈尼格尔将之看成“自定义未来记忆”。比如，想象未来的某一天，我还要实现什么伟大的计划以及还有很期待的梦想等，这都会激发我们的意志力。

再说一遍，请采用正面的、自我关怀的方式进行，比如“我现在做的对未来有好处”，即使这只是在心里对未来的打算。

精力不足时，这是个非常聪明，解决麻烦的办法。以我为例，我在一天的工作即将结束时，精力会大大降低，很少能在当天恢复。所以我晚上从不锻炼，我会在睡个好觉后的第二天早上再锻炼，这时去健身房不感到艰难。我也从不在特别累的晚间时分发送重要的电子邮件，因为此时我的前额叶皮层已经游离，而情绪膨胀，我真的不敢保证自己能做出最佳的选择。这也是为什么每当涉及重要的决定或行动时，人们会说“明天再说吧”。

为了保证自控力维持在一个良好的水平，保持充足而规律的睡眠是极其重要的。大家都知道，睡眠对人的每一个生理和心理过程都是必不可少的，这就是为什么剥夺睡眠常被用作折磨人的手段。毋庸置疑，睡眠对自控力至关重要。把自控力比作电池，睡眠就是给电池充电的充电桩。

选择更健康的早餐容易，拒绝消夜很难，这也说明睡眠能够提升自控力。和睡眠同样重要的还有营养和运动。我要是饿了（我是个特别容易饿的人），自控力会完全丧失。对我们很多人来说，迈开腿管住嘴需要自控力，但适量运动和健康饮食也可以激发自控力，特别是锻炼，是传播到我们生活及其他领域的另一个基础习惯。

充足规律的睡眠、健康的饮食和适度的运动都是应该培养的好习惯。我在此处谈及这三个好习惯是因为它们有助于提升自控力。它们是激活前额叶皮层的动力燃料。下次你决定爬起来去运动，即自控力发挥作用的时候，记得你同时也会得到更多的自控力作为回报。

4. 了解能量的相互制衡

另一个需要关注的是认知能量的制衡。这尤其要在形成任何新习惯的初级阶段时格外关注。

我们已知道，做出改变需要付出相当多的脑力，而且自控力是有限的，所以大家就应该在其他地方节省精力。有一个很好的例子：比如你做了一个决定，今后在上班前先去健身房锻炼。但是你还想做一杯富含蛋白质的冰沙，方便在运动之后享用。然后你还得把不同衣服分类放好，以便健身之后穿戴整齐直接从健身房前去工作。这些行为堆在一起需要不少的自控力，把它们尽可能地梳理清晰，你就会轻松很多。我们实施改变的目标是：早上起床后，只需召唤自控力把自己带到健身房，甚至只是穿上运动鞋。因为自控力用在任何其他事情上都是一种损耗，因此，把运动服和工作服都拿出来这个动作放在头一天晚上，接着一并准备好做冰沙的所有原料，确保第二天早上可以一股脑儿放入搅拌机搅拌。的确，头一天晚上把这些都准备好需要自控力，如果你昏昏欲睡的大脑和你抗争，争辩说早上做也来得及，那么告诉它“现在做才有美好的明天”，并把这看作战略性脑开发。诚然，这一切听起来很简单，的确，它不是什么革命性的办法，但我感兴趣的是它如何来帮助我们实现所期待的改变。

通过把日常工作自动化，前额叶皮层就退出了。大部分事情尽可能多地交给系统1，不必让前额叶皮层操心早晨吃什么穿什么。这就是减少所谓的“决策疲劳”，节省认知资源，从而把资源调用到去健身房这件事上。尽可能保存能量，以便在该用的地方最大化利用它，这也是为什么你最好从一些小改变开始，然后再一点点积累，最后成就大改变，而不是一下子改造自己。这个过程非常痛苦，因为一开始你的自控力往往不足。

一定要清楚地认识自己需要运用自控力才能实现的目标是什么，并找机会将能自动化的自动化，节省出自控力，把它用在刀刃上，然后全力投入。要当心的是，不要让自己经常处于自控力枯竭的状态。

5. 时间规划要现实

现实是，改变不会一蹴而就，不是发一条深奥的推特就能实现的。神经通路的开辟需要时间。这就如在健身房里练就一身肌肉需要不短的一段时间一样，它需要无数次的重复。

关于养成一个新习惯需要多长时间、多久才能将习惯固化有很多争论。当然，这取决于好几个因素：你想做的改变是个什么样的改变，你周围的环境因素是什么，你是个怎样的人，你的目标行为是否是可以每天坚持做的事，等等。我个人的体会是，3个月左右是一个不错的衡量标准，可以用来设定预期。

多年来，根据麦克斯威尔·马尔茨（Maxwell-Maltz）博士的说法，他在1960年出版了一本关于行为改变的书名叫《心理控制术》（*Psycho Cybernetics*），销量超过3000多万册，21天就可以实现持久的改变。这时旧习惯消失，新习惯养成。《原子习惯》（*Atomic Habits*）一书的作者詹姆斯·克莱尔（James Clear）解释说，这个想法之所以深入人心，是因为21天足够短，足以鼓舞和激励人心。换句话说，足以说服你采取行动，而它仍然足够长，足以让人信服。然而，不幸的是，这个“三周就会成就一个崭新的自己”的诱人承诺更多的是来自马尔茨的观察，而不是基于科学。

几十年后，伦敦大学学院（University College London）健康心理学研究员菲利帕·拉里（Phillippa Lally）和她的同事进行了一项更全面的研究，以摸清发生改变到底需要多长时间。研究持续了12周，其间调查了96个人的习惯，每个参与者在3个月的时间里选择一个新的习惯用以养成，并且每天必须报告他们是否实施了行动，以及此行动是否或何时开始成为自觉行动，即变成了习惯。

在这项研究中，拉里和她的同事选择了一些比较基础的改变。比如午餐时喝一瓶水，或者跑15分钟步。研究人员随后分析了数据，得出以下结论：一种新的行为平均需要两个月的时间自动发生，准确地说是66天。也就是说，对一些人来说，他们的改变在仅仅18天之后就自动发生了，而对另一些人来说，则需要254天。同样，这取决于习惯的复杂程度。测量一个人每天摄入多少咖啡因不难，而衡量你是否对自己更关怀则没有那么容易。有些变化触手可及，另一些变化却没有那么明显。

他们还发现：“中途少做一次并不会对习惯的形成产生实质性的影响。”我认为这是一个善意的提醒，告诉你如果有一天你漏做了，请不必苛责自己。因为人们的计划被打乱时有发生，但总的来说，只要还行进在养成良好习惯的道路上，没有因为可能需要比预期更长的时间而气馁，我们最终会形成新的神经通路。时日不是问题，模式才值得关注。

有一点需要记住，疲劳和压力是自控力资源的一个主要消耗源，只要我们还没有越过自动化阈值，也就是系统2还没有把控制权交给系统1，我们就随时会翻车。

6. **不要好高骛远**

萨姆·科林斯（Sam Collins）博士倡导不要好高骛远。他是作家、研究动机的演说家兼“追求”（Aspire）组织（一个致力于推动女性领导权的全球性组织）的创始人。为了创作这本书，我特意采访了他。诚然，这个倡导听起来不让人振奋，但请听我说完。我们这个世界总是不断地鼓励人们要有远大的抱负和长远的目标。科林斯认为这是不现实的，我很赞同。这无关乎限制人的潜力，这关乎一个人是不是可以轻松地过日子，让大脑随时都能正常工作。

回想一下你有多少次端坐着规划宏大的计划，再想想其中有多少次真的实行。我们总想着一口吃个胖子，不管嚼不嚼得烂。步子太大对于经常陷入惰性的大脑来说是难以承受的，对自控力也是巨大的挑战。自控力是需要慢慢养成的，步子太大的后果就是我在本章开始提到的不作为状态。

要想让改变发生，让自控力有机会发展成长，一个人需要脚踏实地，不要好高骛远，目标放低、放低、再放低。例如，你决定从明天开始再也不吃糖，你的自控力会让你安全度过第一天，但是，到了第二天或第三天，你发现它已经被抛之脑后了，你的计划就此落空（这也与糖的成瘾性及其对荷尔蒙的影响有关，但此处的观点依然成立）。但假如你决定每天吃一点水果，而不是强制性地彻底戒糖，自控力就会慢慢地培养起来，你会慢慢地开辟出一条新的神经通路，最终看到更健康的习惯养成自然且执行起来不费吹灰之力。这样自控力也因此得以解放，带你步入下一阶段。

在第六章中，我谈到了我所做的一个微小的改变，它对我取悦他人的倾向产生了巨大的影响。同样，从小处着眼，采取更小的步骤，对你的行为做出更小的调整，这将阻止你将自己意志力迅速耗尽。

当你期待改变时，改变的目标是什么……

查尔斯·杜希格（Charles Duhigg）被称为习惯神经科学的教父。他强调，习惯是无法摆脱的，只能改变或被取代，然而人们可以培养出新习惯。

根据麻省理工学院的一项研究结果，每个习惯的核心都有一个由3个元素组成的简单的神经回路。这个结果在杜希格的《习惯的力量》一书中引用过。

1. 一个扳机或信号——指某个启动行为的东西。

2. 行为或例行动作——指扣动扳机将会引发的事情，而你想要改掉坏习惯就在这一步。

3. 奖赏，即完成行为后得到的回报——它满足某种渴望，这个渴望可能是一块糖，也可能是你想讨好的人。

杜希格举了一个简单的例子。他每天都要从办公桌后站起来，走到自助餐厅，吃一块巧克力松糕。这是他的一个习惯，他想改掉它。为此他必须找出触发这种行为的扳机或信号，并了解他从这种行为中获得的奖赏。触发信号的是饥饿或无聊，或是每天的某个时刻，他感觉需要休息一下。奖赏是他从吃松糕中得到的快感和满足的感觉，这让他暂时感觉良好。但问题是，触发信号仍在，他也依旧渴望获得这样的奖赏。他躲不开触动因素，但是凭借自控力，他能够改变这一例行动作的中间部分，即行为。

这就是杜希格所谓的“习惯的黄金法则”，指用不着改变触发信号，也保留奖赏，但仅改变行为。杜希格把这个框架应用于分析更显性的习惯，因为显性的习惯更容易让我们识别这三个步骤。这样的习惯看得见摸得着，是一个人每天可以看得到的。这些习惯不像那个讨好人的习惯那么复杂。

持久改变的三个阶段

无论你是想从每日早起开始训练自己更有条理，还是检讨过去对自己太苛刻因而想做些改变，或是不愿像现在这样一味对别人点头哈腰，又或是想实施一个更有规律的锻炼方案，你都需要清楚自己所期望的是什么。

我们已经聊了养成新习惯的平均时长，确定了66天这个较为现实的天数，而且明确了这个新习惯是你每天都要做的事情（点头哈腰不在此列，因为不可能每天都做）。在这66天的时间里，我想把你们带回本章开头的一句引用。“一切真相初识都难以接受，之后会些许迷茫，最终将无比愉悦。”这句真言的主人罗宾·夏玛（Robin Sharma）旨在指出，改变有三个不同的阶段。我们可以将其分为3个22天。

夏玛在鼓励人们每天早上5点起床开始新的一天的书《凌晨五点俱乐部》中，将这三个不同的阶段概括为：

1. 破坏阶段。

2. 实施阶段。

3. 整合阶段。

第一个22天是破坏阶段，这是最痛苦的阶段。不用说，这不好玩，你会遭遇很多来自大脑的抗拒。众所周知，大脑对变化这样的事可不上心，所以你会恨不能立即放弃。你正在试图打破旧的常规和以往的思维模式，很有可能会搞砸，不过这没关系。就说那个早上5点起床的事，你会觉得那简直就是折磨，你会需要大量动用你那“我不要”的力量。

第二个22天为实施阶段，这个阶段仍然相当痛苦。不过此时某些变化正在发生。在这个阶段，你的神经结构变了。你遇到的不再是一堵没有任何神经通路的砖墙，你已经开始开发一条支持新的行为的神经通路。虽然这个通路还不流畅，但你正沿路向前走，接纳新的环境。按照夏玛的原话，这个阶段有点迷茫，但你经常提醒自己这样做的重要性。你动用了“我要做”的力量和“我想要”的力量。此时你完成了最痛苦的工作。

当你进入最后22天的整合阶段时，新行为已经纳入你的心理大厦之中。你在这个阶段要做的就是将这个改变自动化，使其无须动用自控力，或说不再需要前额叶皮层的参与。

初期的极度痛苦到此时已不再有如果你曾有过由从不锻炼到坚持每周三次去健身房的经历，你会对这三个阶段深有体会。不要期望跳过前两个阶段，直接进入最后不痛苦的阶段。请牢记，改变从来就不容易。

思考时刻

虽然我们都不爱听，可事实就是，改变从来都不容易，一点也不容易。但这并不是因为你懒，也不是因为你不擅长，事实上所有人做出改变都很困难。但好消息是，这不是不可能完成的。

既然我们了解了能够促成改变的方法和手段，思维模式也好行为模式也好，那么接下来我们就去看看，自己有哪些一直以来回避，但最终愿意促成的改变。说不定现在你的脑海里正在浮现某些改变，正是你觉得可以给生活带来变化的。

以下几章将介绍我在思想、信念和行为上曾尝试做过的某些必要改变，当然还有很多仍在进行中的。所以请记住，我就在你身边。你会发现，这些改变不是所有都让你有共鸣，但一定有很多你都感同身受。

下一个议题是事实真相三：你什么都能做，但你不能什么都做。到了该探讨我们的倦怠问题的时候了。

第三章

真相 3

你什么都能做，但你不能什么都做

公平地说，我们这代女性是第一代拥有物质和精神自由的女性。或者至少可以说，我们这代女性是能够争取到这些自由的一代女性。尽管围绕两性平等还有很长的路要走，但当你将我们的母亲和祖母一代所经历的与今天的女性，尤其是那些属于“千禧一代”的女性进行比较时，我们这一代有着更多的机会。

这一代的女性所受的教育强调，要有远大的梦想，要仰望星空，因此我们有了更多的选择。这是多么好的一件事啊！我们可以做任何我们下定决心要做的事。可以不顾形象地表现“抓狂”的样子。

谁也不觉得，我们现代女性就该整天待在家里打扫打扫卫生、切切胡萝卜。但如果自己甘之如饴，那也可以。我们可以在经济上独立，这是大多数人的梦想；我们的寿命比以前长了，身体也更健康；我们不必为了拥有安全感而选择结婚；我们嫁给某个人是为了爱情，地位是平等的，结婚了也不必放弃工作；我们不被催着要孩子，至少不被催着在达到三大目标之前就把他们生出来。顺便说一句，有了孩子也不再意味着青春的终结，我们可以有孩子仍工作，可以有孩子不工作，我们可以为了工作不要孩子。我们可以旅行，可以继续接受教育，可以随心所欲地专注于事业。

这一切多么令人兴奋，现代女性的选择有着近乎无限的可能性。所以，也许是为了弥补在我们之前没有如此多选择的几代女性，我们全力以赴。我们追求高分、追求一流的大学课程；我们要实习、要兼职、要一整年的环球旅行；我们要做全职工作、还要兼读硕士学位；我们要伴侣、要婚姻、要均衡饮食、要丰富的社交生活；我们要参加周二晚的橄榄球队的活动、周四晚的书吧、早上六点的瑜伽课；我们要私人教练、要孩子、要房子、要升职；我们要确定遗产继承人、要申请延期、要和女儿们在城市做短期旅游、要和另一半享受浪漫的出行；同时我们还不忘经常做做健康膳食、记录大大小小的事件、发展副业或者做感兴趣的项目以释放内在的创造力。哦，还有就是，我们还要精心打造风趣、平易近人、上进的社交形象。

大家是不是仅读一读这些内容就想躺下来休息一下或者喝一杯烈酒呢？没错，不光是你。

要命的是，我们不单单只是想做这些事情，我们还想把它们都做好。我们一样都不想落下，而且想做得完美，想马上就做。

据我观察，勾选前面提到的所有选项是要付出相当大的代价，通常这个代价就是我们自己。我的观察不仅来自亲身体会，还来自我周围的女性。是的，相较于男性，女性显然更难，尤其是在孩子们小的时候，因为女性必须孕育新生命且要把西瓜大小的婴儿从身体隐秘狭窄的通道里挤出，承受随之而来的身体和情感的剧变。

请花一分钟时间，回想一下你生活里列出的优先事项。大家一定会发现，你没有给自己一点闲暇时间。我们哪怕只是喘口气放松一下都觉得内疚和懒惰。我们觉得只要有一点时间就要见缝插针地做点什么，做点有用的事情。

而实际上，闲暇是有用的，它也是生产力，而且有时候甚至是最能产生价值的生产力。休闲就是浪费时间的想法是错误的，但人们常常准许自己小憩片刻，然后却又产生罪恶感，觉得实在不应该，然后折回，继续去过转动多个盘子的杂技生活，这才觉得安稳。

有人觉得忙碌很好，女性朋友常常把它当作荣誉徽章。她们要向全世界证明，无论历史上对女性有怎样的评价，她们可以像男性一样辛勤工作，一样受重视，一样在工作中发挥作用。但是，所有这些盘子同时旋转时，一定会有一个在某一天掉下来，而掉下来的那个往往是健康幸福。

我不是让大家在健身房、在自虐一般的高温瑜伽课上、在会议室的健身设施上通过健身保养得到健康幸福。它们只是一些待办事项，被列在无底的待办清单上。我说的是能让你停下脚步的幸福感；是把待办事项清单扔到一边却毫无愧疚的感觉；是不介意把杯子和面包屑在厨房料理台上多搁一个小时的幸福感。幸福感不是在每一个选框上都打钩然后充满“赢”的感觉，而是有机会放缓脚步慢慢来；是有机会有一天单纯地做“你”自己，哪怕只有5分钟；是能把晚上睡个好觉摆在第一位。

有一个很普遍的现象，当人们每时每刻、日复一日、周复一周、月复一月地要去抓住一切机会时，他们会自然地把个人需求排在最后。一段时间后，在不知不觉中，我们就把自己逼得过分了。我们承担了太多，已经榨干了脑力。虽然这些机会和选择带给我们很多利益，但也带给我们一个坏处，那就是，我们分不清轻重缓急，因而产生了决策疲劳。长此以往，压力、焦虑甚至恐惧就会袭来。人们总觉得它们突如而至，但其实不然。

睡眠障碍接踵而至，随之对各方面产生连锁影响，包括免疫系统、心理健康以及大家越来越看重的生产力等。这时，我们开始责备自己完不成任务，责备自己不能在大家面前成为超级强者。此时我们几近崩溃，一步踩进职业倦怠的坑里。社交媒体有另一套说法，但我可以肯定的是，这在你周围时时都发生着。

你一定熟悉职业倦怠，哪怕你没有亲身经历过。这个词最早是在1974年由赫伯特·弗洛伊德伯格（Herbert Floudenberger）发明，从此它就成了表达过度工作和过度劳累的时髦词汇。直到2019年夏天，世界卫生组织才最终承认，这是一种可以医学诊断的心理疾病，且与职场相关。

从本质上说，如果长期的工作压力得不到解决和控制，一个人很会面临这种状况。

倦怠与压力不同，倦怠不仅仅是疲于应付压力的感觉，也不是疲劳的感觉。它是你身体空虚却还在奔跑的感觉，是你的能量输出远远大于能量输入的感觉。你已经完全失去了内心的制衡感，你的身体机能已经失常，连最基本的任务都无法完成，你的恢复力已经耗尽，免疫力明显受损。这一切会让你得出结论，你再也应付不了了。

世界卫生组织规定，“倦怠特指一种职场现象，不用于生活的其他领域”。但我认为，我们生活中的“其他领域”存在的大量压力和无休止的待办事项肯定给倦怠这把火添了一捆柴。对有些人来说，它只与工作有关，但对许多人来说，它是多种因素共同作用的结果。

如今，人们越来越重视倦怠这个问题。过去，人们把工作多到能把人压趴下看成是能吹嘘的资本。现在，观念发生了变化，虽慢但确实在发生。在此转变过程中发挥重要作用的人是《赫芬顿邮报》创办人《茁壮成长》（*Thrive*）一书的作者阿里安娜·赫芬顿（Arianna Huffington）。她的故事成功地引起了大家的关注，既有工人也有公司。她因为睡眠不足和疲惫而瘫倒在地，导致颧骨骨折，还在医院待了一段时间。这件事为她敲响了警钟，这时她才意识到，不能再这样下去了。她必须明白一个道理，就是这个世界上你能做的事情很多，你也有能力做很多事情，但并不是所有事情都要去做，因为就算你的能力允许，你的身体也无法承受。就像我们开篇谈到的那句话，你什么都能做，但你不能什么都做。

职业倦怠已不再专属于像阿里安娜·赫芬顿或华尔街疲于奔命的CEO。根据《福布斯》报道的最新调查结果显示，它正在以惊人的速度增长，遍布在各行各业的男男女女中。

赫芬顿分享她的故事是为了避免人们重蹈她的覆辙。同样，我在谈论我自己那段由倦怠产生的、极具伤害性的焦虑时，我也是为了帮助大家在迈向大家口中常说的悬崖之前，尽早辨识出某个征兆，而及时勒马以免掉下去。

然而不幸的是，不管从我与周围人的谈话里，还是从我读到过的关于把照顾自己置于首位的过来人的故事里，大家似乎都是在已经发生了倦怠后才开始重视这件事，也都是摔下悬崖后才想起我们的提醒。

但是你不至于需要摔断颧骨或在一天之中十次感受到心动过速才意识到照顾自己的重要性吧。打个开车的比方，一般人不会等到汽车油箱见底或者抛锚在路边才想起该给车加油，一般都是让车保持油满状态，尤其是在长途旅行前。同样，关照自己不应该是一种出了岔子时的危机管理，相反，它应该随时随地存在于生活、工作、家庭以及其他一切事务中。

这就是我将要说的事实真相。这个真相使我的生活乐趣提高了10倍，我已经不再害怕承认。那就是：你什么都可以做，但你不能什么都做。

当然，严格地说，只要你愿意，随你的便，但你多半会疲于应付。所以，你需要确定哪些事值得做，哪些事不值得做，对不值得做的事应该毫不留情地放弃，要干脆利落。否则，总有一天你会发现，要么这件事，要么那件事会让位于其他事。而根据最近关于"倦怠"的研究结果，让位的往往是你自己。也许你已经身陷此境，没关系，只要你察觉自己正摇摆地走在应付和不应付之间的边界线上，就把这一章当作你长期以来寻找的救生筏吧。

如果一个濒临或者已经倦怠的人要彻底扭转局面，那就得改变导致倦怠生活方式的各种因素。你需要勇敢面地对造成倦怠的根源，而不是在一天的工作结束后靠上瑜伽课来解压。更宏观地看，这需要职场自上而下都做出调整，首先找出为什么会发生这种状况，并确保这种势头不再继续。

阿里安娜·赫芬顿最近在"繁荣全球"（Thrive Global）[1]平台的一

---

① "繁荣全球"（Thrive Global）是一个健康内容平台，致力于提供关于"神经科学、心理学、效率以及运动和睡眠"方面的网上课程训练和研讨会，由《赫芬顿邮报》创始人阿里安娜·赫芬顿（Arianna Heffington）创办。——译者注

次演讲中再次向企业界发出了强有力的呼吁。她说现在倦怠成为人们关注的焦点，到了企业介入的时候了。这既为了员工的健康，也为了好看的利润。关心员工的工作体验已经不再是一个好的建议，而是任何一个注重实现长远目标的人必须要做的事。要找到治愈“文明病”的方法，就必须致力于找到导致倦怠的根本原因。

为了控制倦怠继续恶化，个人层面应做到每天检视那些行之无效的事，然后毅然决然地拿出羊毛剪咔嚓咔嚓剪掉。这里要采取精要主义者倡导的心态，你会发现它给人极大的解放，我们待会儿会讲到。另外，我们还可以打开内心的黄灯，这将放在第九章中详细阐述。

同时，还有至关重要的两件事需要优先考虑：自我关怀（Self-Compassion）和睡眠（Sleep）。

先来看自我关怀。

在社会鼓励人们奋斗和追求目标时，唯独少了自我关怀。想想看，如今社会上那些坚强、坚韧、有力量、有雄心、有动力的女性，她对自己关怀过吗？她对自己温柔吗？她善待自己吗？没有吧。我认为自我关怀才是大家最该用心做的。

自从我发现自己碰壁的主要原因是对自己太苛求、对自己期望过高后，我就有意识地把自我关怀置顶了。

我要跟你分享一个最近的例子。

我有一段焦虑的经历，你可能知道也可能不知道。简而言之，我在一年多的时间里常常感到惊恐，一次接着一次。惊恐的原因仅仅是有太多的事情挤在一起，而工作环境也让我有格格不入的感觉。后来我终于设法控制住了焦虑，不再受它的摆布。我把这段经历写在了《掌控焦虑》一书里，还制作并上传到播客且产生了很好的效果。很快，我每周收到数百条信息，这些信息来自那些读过这本书的人，他们想告诉我他们的焦虑经历，以及这本书在多大程度上为他们提供了掌控焦虑的实用蓝图，并帮助他们摆脱了焦虑。

虽然我一直强调，我不是传统意义上的焦虑问题专家，但杂志上关于这本书的特写经常把我称为“千年一遇的焦虑问题大师”。很自然，他们只是在寻找噱头以吸引眼球，可我受宠若惊，越来越觉得不能辜负这本书获得的成功。但我一这么想就感到有压力，在企图控制压力之时，我意识到，大部分的压力来自我自己。

虽然我明面上会说：“我有时仍然感到焦虑，仍然内心忐忑”，但实际上内心早已战胜了它，而且我还写了这本关于焦虑的书，觉得焦虑肯定和我无缘了。现在我成了大家求助的对象，当然，这远远超出了我的期望。

真是此一时彼一时。事实上，在我写这一章的时候，我刚觉得终于摆脱了焦虑，就冷不丁又被它踢了一脚。但我没太在意，因为我觉得自己已经摆脱它了。我发现自己出于各种原因再次感到焦虑，可以把它们叫作脆弱因素吧，自己费尽心力远离的焦虑再次袭来了。

我发现，生活里一旦发现压力增加、崩溃或焦虑时，找到那个起作用的脆弱因素很关键，动辄动怒也和脆弱因素有关。

脆弱因素最简单的例子是我们大家都熟悉的“饿怒症”。当身体缺乏运作所需要的能量时，人们更容易有不稳定的情绪。另一个例子是，当我们没有得到足够的睡眠，那么第二天，表现就达不到和得到足够睡眠时的同等水平。

我自身常见的脆弱因素有以下这些：

· 如果我身体不适，我积极思考的能力就会受到影响。

· 如果我承担的工作太多，我会发现自己越来越急躁。

· 如果我遭遇可怕的痛经，我看电视广告动不动就哭，其实广告的内容根本戳不到我的泪点。

想一想对你有影响的脆弱因素，认识自己的脆弱因素有助于解释很多问题，它能让你从更为慎重和关怀的视角看问题，同时更快地解决问题。

这一次袭来的焦虑不是因为眼前有事放不下，因为那样的焦虑我经历得多了，早已经学会如何处理。这次的焦虑是一种持续的不安和恐惧感，从早到晚，遍布四肢百骸。

我简直被吓坏了，睫毛膏滴落在脸颊，完全就是一个惊悚摇滚歌手爱丽丝·库伯的翻版。我立刻进入了战备状态，好似第一个反应过来的人，对形势闪电般地进行了评估，将我书中常说到的工具和技术落实到位。不吃糖！不摄入咖啡因！不要压力！我感觉受到焦虑的威胁，所以我不停地还击。我也期待着自己能通过简短地告诫自己一通就能把它扼杀在萌芽状态。我觉得如果我不能快速扭转形势，那我无论如何称不上是焦虑问题"大师"。

我已经有四年没有这样的焦虑感了，所以它的再次出现打得我措手不及。我很自责，责备自己理不出头绪。

"我该清楚的。"

"我该有能力的。"

之后我意识到，我仰仗的工具和技巧并没有真正起作用。这令我更加恼火，但恼火无济于事，反而会拖长焦虑感，让充满负能量的自责没完没了。

最终我突然想到，导致这些工具和技巧不起作用的原因是在我身上缺失了一个关键成分，那就是“自我关怀”。不懂得自我关怀，就不会关照自己，又如何改变现状呢？我总是对朋友表现出关怀，却唯独不对自己如此。此后我开始安慰自己，丝毫不敷衍。我尽力降低脑海里那个强迫自己整装待发的声音，而调高那个对自己发出关怀的温柔的声音。慢慢地，焦虑感一点一点地解除了。

几天前，我还会对自己说：“太荒谬了，这次做得还不如从前呢，要稳住。”现在我开始对自己说：

“你已经尽力了。”

“你的工作已经不少了。”

“你自己有焦虑不妨碍通过自己的工作对其他有焦虑感的人给予支持。”

“自己有焦虑并不说明指导别人战胜焦虑就是个骗子。”

“你做得很好了。”

“你可以把这些事往后拖几天，没关系的。”

“这句话你自己说过多遍，但你还需要多听听，感觉不好没关系。”

自我关怀的科学

自我关怀是什么？它如何影响大脑和身体？它为何重要？我怎么才

能在自己的生活里多一些自我关怀？想要了解这些，你只需读读克里斯廷·内夫（Kristin Neff）博士的书。她是畅销书作家，是得克萨斯大学的副教授。

内夫是第一个测量和完整界定“自我关怀”这一概念的人。她和布琳·布朗（Brene Brown）不同。布琳·布朗一生都在研究脆弱和羞耻心，内夫着重研究的是自我宽容。她认为，如果你觉得你自己是最大的敌人，那就说明你缺乏自我关怀，绝对要大量投入对自我的关怀。

她还认为，自我关怀比自尊更重要。为获得自尊，我们找寻的是自我感觉良好、自我感觉有价值，其中涉及与他人的比较。她说，自尊依赖于成功，在遭遇失败时会丧失。自我关怀不一样，它会在失败关头傲然挺进，无论在顺境还是在逆境中它都会坚守其中。

有了自我关怀，我们不追求完美；我们宽容对待自己，接纳自己的本来面目，对外不遮遮掩掩；我们对自己有耐心，也很温柔，就像对待别人那样；我们不会把犯错或选择出现失误当作人生失败。

在内夫博士广受欢迎的TED^{x}演讲中，她谈论了自我关怀的三个核心组成部分。

很显然，第一个是自我宽容，即善待自己、不苛责自己。请对比一下你的朋友把事情搞砸了时你对她的态度和你自己把事情搞砸了时对自己的态度。

第二个是共同的人性。她关注人们的相似点，而不是相异处。人类区别于动物的特征是能感受和体验挫折并从中学习。大家还记得亚历山大·波普（Alexander Pope）说过的话吗：“人都会犯错……”这是大家的相似点，每一个人都好不到哪里去。想想这一点就不至于过度追求完美，反而更能接纳不完美的自己。

第三个是正念。这点我在第二章中提到过。正念指的是不加评判地认识自我的当下状态，在逆境中坦然接受现实可以促进自我关怀。

内夫博士让我感触最深的研究发现是，苛求自己与善待自己分别对健康幸福产生影响。我们想当然地认为，对自己狠一点会促进我们实现目标，而研究表明，事实恰恰相反。

对自己说消极的话并深信不疑实际上是在对自己发起攻击，因为我们的身体会产生皮质醇进行应对。这是一种我非常熟悉的压力荷尔蒙，它让人们感到焦虑和恐惧。我们的身体就会进入自我保护和生存的模式，那就意味着我们原本的动机荡然无存。相反，如果选择关怀和照顾自己，身体就会得到信号，降低皮质醇，产生催产素和阿片类物质。这是两种天然的愉悦荷尔蒙，它们令人心安，能使人勇气倍增一往直前。

我正是听进去了这些话，放弃了我原来那套理论和自我对话，接受了自我关怀不仅是一个随心想出来的好主意、还能在生物学层面给我带来切实的好处的观点。之后我内心的焦虑开始平息，心情逐渐好了起来。

自我关怀不等同于歌曲kumbaya中表达的理念——做自己最好的朋友。随着对自我关怀的研究越来越多，有证据表明，它对强大的心理健康有着巨大的贡献。奎恩·内夫（Queen Neff）的研究结果表明，自我关怀程度较高的人面对压力、焦虑和抑郁都比较少。他们还会比其他人体验更多的快乐、满足和干劲儿。

下面是两组自我对话，左栏为自我批评的话，右栏是自我关怀的话。

自我批评	自我关怀
我把事情搞砸了，我真是个白痴。	我犯了个错误，怎么能弥补呢？
我没完成任务。	我尽力了，我对自己要求太高了。
我又焦虑了，显然没有很好地应对。	我的身体在对我说，现在在做的事超出了我的能力范围。怎么会这样呢？怎么才能感觉好点儿？
今天去健身房的计划落空了，我一周至少要去三次。	我今天倾听了身体的声音。它跟我说，我需要休息，休息好才能更好地利用时间。我过会儿去散个步。

那么，我们还能做些什么呢？

首先，你要知道自我关怀是可以培养的——这是一种技能，而不是一种个性特质——但这需要时间和实践。自我关怀的本质就是满足自己当下的需求。本质上，自我关怀是允许你给自己需要的东西，可以是一杯茶，而对于一个面对孩子不停尖叫而无能为力的母亲来说，这可以是两分钟的呼吸或哭泣，然后对自己说一句：一切都会好起来的。

我们需要慢慢地认识这样一个事实，撇开社交媒体上冠冕堂皇的形象，真实世界里大家都在狼狈地想把所有盘子转起来。其实放几个盘子下来无关紧要，而且还能让人们脱离困境。

不要老想，“哎呀，这件事我要是做了就好了”或者“我该多做些这一类事”。你可以用笔记下来你在面对一个总是自我否定的朋友时会对她说的话，甚至把这些话写成一封信给她，然后把自己想象成那位朋友去读这封信。

你是不是经常对朋友说：“你的事儿已经够多了，你需要留些时间给自己？”

为了向自己的生活中加入自我关怀，大家可以问自己一些问题，比如“我能帮什么忙”或者“我怎么才能给你些支持”。想责备自己的时候就说，“降低音量，别那么大声”。因为没有完成待办事项而训斥自己的时候就悄悄换一个更关怀的方式。不行就写下来，然后开始行动。过段时间，你就会有信心，你的心情会越来越好。

相关网站有大量的练习和冥想引导，我建议大家多去参与。总的来说，我建议你减少每天要做的事情，但是拿出5分钟时间去尝试自我关怀练习还是很有必要。请关注自我关怀的这几个重要内容：自我宽容、人性和正念。

我感觉有了自我关怀，那句“你什么都可以做，但你不能什么都做”再也不像最初听上去的那么刺耳。它似乎给了自己一张许可证，准许自己量力而行，在一些时候放弃一些任务。

睡　眠

另外还有一件重要的事，而且必须是重中之重的事——就是睡眠。

马修·沃克（Matthew Walker）在其著作《我们为什么要睡觉》（*Why We Sleep*）一书中列举了睡眠的众多好处。你会清楚地发现，高质量的睡眠有多重要。它让你更容易处理生活中不可避免的事情，它让我们更有弹性，更有能力缓解压力和焦虑，它是你最强大的武器之一，保护你免受倦怠的困扰。

尽管我们现在了解到睡眠无可争辩的重要性，但很长一段时间以来，睡眠并没有得到足够的重视。至于原因，我们可以责怪科学。因为直到最近，人们为什么需要睡眠才得到了解释。在此之前，我们常认为，睡眠是生产力的拦路虎，它让人们没办法夜以继日地工作。在大公司看来，睡眠妨碍了他们追求利润最大化。“至死方休”是一些工作狂们的口头禅，他们把睡眠看作障碍。那些工作特别有干劲、特别想成功的人，要么每天只睡几个小时，要么在办公室里干通宵。

如果你在20世纪90年代的美国公司工作，却拥有8个小时的睡眠，你敢对外宣称自己工作努力吗？你真能进步吗？现实是不太可能。大家往往看到有些人把睡眠排在最后一位时，会发出一声感叹“哇，真厉害”。有咖啡提神干吗要睡觉呢？

我曾痛恨自己没有本事为了工作牺牲睡眠，而不是憎恶我曾就职的一家公司要求我通宵在办公室干活。难道睡眠只是弱者才需要的吗？

我们必须承认，这种非常不健康（坦白地说，相当愚蠢）的睡眠观念影响了这种类型的人。他们会出现倦怠、生病、抑郁的现象；他们需要药物来维持睡眠和保持清醒；他们的两性关系出现恶化，工作能力也受到影响。

此时，公司也会有所察觉。

当然，过度工作和过度劳累的员工会在短期内产生工作效益。但如果你希望以这样的模式继续经营公司，那这就是个随时爆炸的压力锅。马修·沃克的说法很有说服力。他说：“剥夺睡眠就像拉一根皮筋，拉到一定限度总会断的。”那时，生产力下滑，利润下降，承受不了压力的员工纷纷辞职，公司将失去最好的资产。突然间大家谁也不能妄想靠压缩睡眠和加量喝咖啡捞到好处了。

我讲的这些好像是在谈论昔日的职场，其实不然。今天的职场仍然有这个问题，而且不是一时半会儿就能解决的问题。我们再以阿里安娜·赫芬顿为例，她深更半夜还坐在床上敲着键盘收发邮件，手机仍然是她早上拿起的第一件物品，在她刷牙之前就开始处理与工作有关的问题。那人们身体准点离开办公室和没有离开又有什么区别呢？工作连轴转对很多人来说仍然是他们的现实。

改变人们对睡眠的态度不仅是个人的事情，也是全社会的责任。在过去的20年里，越来越多的相关研究发现，大家开始将睡眠看成工具，把它视为最能提高生产力的活动。一些比较进步的公司和商界人士显然开始认识到，睡眠不仅是每晚的必做事项，而且还与成功存在着内在联系。

公司开始醒悟，将睡眠视为盈利的必要条件，归根结底，盈利是最终的目的。

但对于我们这些凡人来说，睡眠不仅仅与职业成就密切相关，它参与身体的每一个生化反应，决定每一个身体机能的正常运转，是身心健康的保护神。如果睡眠真的就像某些人认为的那样是不必要的，它肯定会在人类演化过程中逐渐退化。大自然让我们睡觉一定有其道理，那就是它是人类生存的需要。不尊重这一点，它肯定给你颜色看。

我如今的入睡能力和睡眠质量都很好。我睡前有不错的习惯，这些习惯大家也不陌生，比如卧室里不摆放科技产品、避免摄入咖啡因、保持室温凉爽、睡前阅读等。我保证每晚睡足8个小时，不以为耻，反以为荣。（当然，有时候孩子哭闹，我睡不到8小时，这个不算。）

单是睡眠，我可以用一章的篇幅专门讨论。但时间和篇幅不允许，而且马修·沃克的书已经把我想说又不能完全说明白的话都说尽了。这本书旨在修正人们对睡眠的认知，从科学严谨的角度扭转人们忽视睡眠的做法。如果你还没有读过他的书，我强烈推荐，一定要读读。我想在此说说沃克谈到的一些有关睡眠的趣事和真相，希望这能帮助你安排今晚的睡眠。

据加州伯克利大学的科学家兼神经科学和心理学教授沃克说，99%的人需要8小时的睡眠才能达到最佳状态，只有不到1%的人声称每晚睡眠不足6小时就能“撑得住”（但这在我们大多数人身上会造成机体功能损伤甚至丧失）。

睡眠不足只有坏处没有好处。其坏处包括身体会遭遇各种风险，如炎症、免疫力下降、心脏病、癌症等。睡眠中断会降低工作效率，不管你信还是不信，事实就是如此。沃克说，那些认为睡眠被剥夺后仍能很好地应对事务的人完全是被欺骗了。睡眠缺乏会削弱一个人做出理性决断和控制情绪的能力，而良好充足的睡眠可以校准我们主管情绪的大脑回路。

所有主要的心理疾病都和睡眠紊乱有关，包括抑郁和焦虑。连续10天每晚睡6个小时和连续6天每晚睡4个小时造成的伤害相当于一个通宵不睡觉。

当人们睡眠不足时，体内没有一个器官不会受到损害。睡眠维持着肠道微生物群，而众所周知的是，肠道微生物群与身心健康密切相关。马修·沃克甚至认为，睡眠是健康三要素中最重要的力量，另外两个要素为均衡的饮食和适度的锻炼。只有通过每日的睡眠，人们才能有效地恢复脑力和身体健康。不仅如此，其他种种研究都指明，睡眠是你不能舍弃的最重要的活动。事实上，你应该增加睡眠，尽情享受这种令人愉快的生理冲动，配上舒适的睡衣和豪华的床单，且不必为此感到一丝内疚。

精要主义

你一旦开始实施自我关怀，也加强了睡眠时间和质量，下一步就该审视其他“优先事项”并且着手精简。

有了自我关怀外加优质睡眠，可如果你的待办清单上的事项一件不少，那还是不行。你需要认真地重新评估这些事项的轻重缓急。即便如此，有些东西对你很重要，但你不可能把它包括进去。例如，你真的想每天早上参加一个小时的瑜伽课，但这对你来说不可行——你的孩子需要在那个时间被送去上学——这时就要放弃瑜伽课。

每天写下你期望做的事，圈出其中的优先事项。然后，诚实地确定哪些是自己力所能及的可行事项、哪些不是，用不着感到羞愧或挫败。这无关乎放弃，也无关乎将就，而是做你能做且想做的事，从而不牺牲你和家人相伴的珍贵时光、不损害身体健康以及不耽误工作。你现在做的事有多少是因为你觉得该做，但并非是你想做的？比如，你真的想玩橄榄球吗？当然，这项运动中有一定的社交成分，因此我喜欢参加。不过有时候我参与其中是因为我知道我丈夫希望我参加，如果不去的话我会内疚，所以才前往的。可实际上我对体育不感兴趣，我不必为某个人高兴而给自己添麻烦。我宁愿在家洗个澡，我现在就去安排。

我深受“精要主义”的影响。这是作家格雷戈·麦吉沃恩（Greg McKeown）提出的有关生活方式的宣言，他将此简单地定义为“少而精”。虽然他主要将其应用于纷纷扰扰的职场，但我觉得它在私人生活里也很适用。

在他的畅销书《精要主义：如何应对拥挤不堪的工作与生活》（*Essentialism: The Disciplined Pursuit of Less*）中，麦吉沃恩鼓励人们精益求精，做到人生有规划，有确立的目标，而不是得过且过，每天迷失在一大堆待办事项的黑色漩涡中。他用这一句话就阐明了我在一整章中想说的内容。麦吉沃恩写道：“只有准许自己放弃事事都想做的想法，停止答应每个人的要求，你才能做好真正重要的事情。”他说，人们在工作中应该自问“哪些是最必要的”，舍弃那些非必要的。

生活上，我建议除了考虑绝对精要这个因素外，还要考虑你是否感觉良好，这包括允许自己胡思乱想，然后你就知道该如何安排了。

同时挑太多担子不仅损害身体健康，而且大脑一天不可能把足够的注意力同等分配给多项事务，尤其是在专业领域。当然，你可以选择做任何事，而且你也想件件都做，但是科学研究发现，你不可能把每件事都做好。你可以把一些事情做得很好，可如果自己被大堆的待办事项压弯腰，即便勉强做完，产生的价值和付出的专注力一定不多。事实证明，人们可以让自己同时进行多任务，但多线条专注并不是人类的强项。

我曾在很长一段时间里，仅在专业领域试图同时承担很多事情。作为个人工作者，我那时大概在一个小时的时间里，脑子里闪过20多个不同的专业项目。我曾一度为自己能“染指”多块蛋糕感到自豪，但最近，我不得不去重新评估这是否真的有意义。我发现，虽然我觉得自己忙得焦头烂额，但哪一件事也没有完成。按照麦吉沃恩的说法就是，我在100万个方向上都取得了一毫米的成功，这是说，我在诸多小事上下了大力气。

问题是，对个人职业者来说，拒绝是件困难的事。因为一切都像是一个机会，如果你老是拒绝人家，你会突然发现没活干了，原因是，“之前她拒绝了，所以我们不再找她了”。这是件细思极恐的事，所以，抓住每一个机会是为未来保底。

每发现暗藏的机会你就庆幸感激，所以你广撒网，希望能捞到哪怕一条肥鱼。但是，虽然在理论上，我可以每半个小时切换一次工作，因为时间不是问题，但我发现，我的产品质量、我的专注力都急剧下降。当我只追求数量时，完整地完成一个项目需要花费更长的时间。精神更是高度紧张，身体在任务不断切换中疲惫不堪。更令人沮丧的是，我似乎什么事情都没有做成。

不停地接打电话以求不错过任何信息只是原因之一，关键是注意力被我分散在了一系列的任务上。结果我在大事小事一把抓后，一样也没有干好。

华盛顿大学博塞尔商学院（University of Washington Bothell School of Business）副教授索菲·勒罗伊（Sophie Leroy）在2009年题为《沉浸工作为什么这么难》的论文中把这种现象称为“注意力残留”。通过各种实验，她观察到如下现象：当你从一个认知任务跳到另一个认知任务时，你的专注力就像一坨大便。当然，她用的词比这好听。即使你认为已把现有的注意力都放在了手头上的任务上，但实际上有一部分仍然停留在之前的任务上。这类似于手机没有处在使用状态，但只要你的手机还是开机状态就仍然有不少后台应用在运行的道理一样，这期间继续损耗着认知电池的能量，使你在当前任务上的表现受到影响。还有一些会常常发生，比如先收发电子邮件，接着去开个会，再在照片墙分享图片，再查看待办事项列表，然后到真需要在某事上需要高度集中注意力的时候，我们脑袋里已经塞满了之前浏览的无数页面及未查看的标签。我们大家差不多都是从早到晚天天如此，结果是发现自己“认知能力下降”。正是因为这个原因，我发现本来只需要20分钟做完的任务竟然花了一个小时才完成。这也是为什么写这本书如此具有挑战性，以及我的手机现在被锁在抽屉里的原因。

信息躁狂症听起来像是乔治·奥威尔小说里的东西，但在今天的数字世界里，这是标配。在现今社会通常是指通过我们的手机强迫性地查看和收集新闻和信息。随着信息躁狂症的出现，你的大脑中积累的信息变得超负荷，任何时候都有太多的信息需要加工任务和处理。当你不断地受到各种通知、电话、电子邮件和短信的干扰时，这些信息就变得更加难以处理。

2005年，格伦·威尔逊（Glenn Wilson）的一项研究表明，信息狂热会影响我们解决问题的能力。事实上，他发现它对认知能力的损害相当于一整晚彻夜无眠。我认为，这种信息狂欢还有其他一些副作用：它会增加焦虑，分散注意力。在某些情况下，它还使人内心麻木，不再有能力区分轻重缓急。

我们再次回到确定优先事项上来。我们要着重少而精，一次只做一件事。先竭力完成一件再开始下一件，以便整个过程头脑都完全在线。为完成本书，又不耽误手头其他急需要办的事情，我必须精确规划时间。我在手机上的社交媒体应用当中设置了时间限制，因为我动不动就会在写了几句话之后伸手去拿手机奖励自己，这个惯性动作太根深蒂固了，我不得不对自己强硬些，采取些措施阻止自己。我设置的是每天三十分钟，这足够了。

一开始，我仍会拿起手机，却被提醒我无法进入应用程序。但一段时间之后，我的自动脑形成了新习惯，手机瘾开始减弱。我还注意到，星期五的电子邮件不多，所以每周我都会用这一天来写书；家中的小狗年龄小玩心重，我将它送去了日托所请人照看，所以我不必逗它玩；一周当中的其他任务都在周五之前完成了，所以在星期五我没什么可分心的；然后星期六和星期天，我的大脑会完全屏蔽工作，让我有机会恢复认知能力。

思考时刻

“你什么都能做，但你不能什么都做”这句话你以前肯定听过无数遍。但你可曾认真领会，并思考它在你生活里的意义吗?

尽管有些学派会跟你说，你可以样样都做，追求所有，那就想象一下自己想做的一切！我要提醒你，你只是一个人，一天只有24个小时，其中8个小时你知道你应该睡觉。

你超级厉害，你是个很棒的女人（或男人），但你不必是超级厉害的女人（或者男人），至少不是在任何情况下是超级厉害的人。你不必一往无前；你不必铤而走险；你可以满怀信心和关怀，允许自己把某些东西丢在桌上；你可以对那些并不重要的事情说“不”。

你的认知带宽是有限的，从起床那一刻起就被一点点占用。你该尊重这一事实，把有限的带宽用在刀刃上。你可以放慢速度，可以少做，知道少而精的道理。你可以让自己沿着河流漂浮一段时间，而不是逆流而上，与汹涌的洪流搏击。（是的，我确实需要搜索一下各种大大小小的河流了。）

如果你有太多的事情要做，就得牺牲一些东西。但请不要牺牲自己或是你的睡眠。如果你打算投入，别忘了自我关怀，也别忘记了解自己的状态，不要太冒进而让自己摔个狗吃屎。

第四章

真相 4

失败转身即机会

失败让人不爽，谁都不愿意品尝失败的滋味，更别说接纳失败了。那种糟心酸涩的不适感，哪怕给你一整桶冰激凌大吃上几个小时，阴郁的心情依然无法晴朗。不信你就试试看。

避免失败最常见的方法就是大家阅读自我成长类的书籍，因为人们期望能全副武装，让自己立于不败之地。

我在很长一段时间里认为，我们大家的目标不是能从失败里重新站起来，也不是要学会如何更好地应对失败，而是根本不用去面对失败。就在不久前，我还会尽一切所能避免任何失败，因为失败的感觉是我唯恐避之不及的。可以这么说，我们大多数人从小所受的教育就是，失败是个坏消息，它总伴随着某种惩罚，意味着失去某种机会，还意味着让某些人失望。我们也厌恶失败的感觉，失败往往会危及人们的自尊。

其实，对失败的避之不及不完全是后天培养或教育所致，它也是人们的天性，是生物演化的结果。因为在过去，失败可不仅仅只是意味着面对某种谴责，或羞愧于没有把事情干好，它曾一度意味着死亡。这里指字面意义上的死亡。找不到食物？输掉与猎食者的战斗？这种失败在那个时候可不是闹着玩的。

今天，我们的运作机制也没有什么太大的不同。一想到失败，心中的恐惧一点也不比当年人类生存还是个大问题的时候少。甚至可以说，人们对失败的厌恶和那时候相比有过之而无不及。这是因为，当今的社交媒体让我们的失败比以往任何时候都更加公开，而成功与自尊又是如此紧密相关。但我们毕竟只是人，不管怎么努力避免，失败总能找到我们，咬我们一口，让我们猝不及防。而我们因此认为，自己能力不足，自尊水平低，从此一蹶不振不再尝试。我们甚至认为从一开始就不该尝试。我们被打得体无完肤，从中所获得的就是人尽皆知的事实：失败让人不爽。但我现在有一个不同的想法。长期以来，我们都没有真正弄懂失败对人们的意义。与大家所知道失败的感觉相反，我认为，失败不仅无须避免，而且是必需品。虽不能说失败是特别好的人生体验，但它是有价值的。它就像你人生中的蝙蝠侠，一个反英雄，你不愿意要它，但你需要它。原因如下：

※ 失败让直觉更加敏锐。它就像一个指南针，帮助你校正航线，使你沿着正确的人生道路和真正的目标行驶。

※ 失败会把写有轻重缓急的提醒条拍到你脸上。

※ 失败让你更清楚自己的核心价值观是什么。

※ 失败让你了解自己的不足。它让你知道哪些事你能应付，哪些事你有能力做，哪些事你力所不能及。

※ 失败提供一个可供对比的参照，帮助我们判别哪些事情做对了。没有反面就没有正面，失败是有用的反面，它使生活中的美好更甜蜜。

※ 失败为你的人生故事提供曲折的情节。没有失败，人生会感到无聊也无意义。

※ 失败让人的脆弱浮出水面，而脆弱是构成幸福不可忽视的因素，之后我还会谈到这一点。

没有失败就不了解自己有多坚韧。失败还会增强自己的韧性。多说一句，只有直面失败，韧性才会增强，韧性只能是在逆境中经受考验然后得到加强。如果事事顺利，一个人就没有办法测量自己的抗挫能力。假如一路顺风顺水时，你的韧性与你经历磕磕绊绊后的韧性，绝对不可同日而语。

回避失败不该是一个人追求的目标，提高韧性才应该是要争取的品质。那么唯一能增强韧性的方法是什么呢？是失败。最终，没有某种程度的失败或挫折是不利于个人成长的。

关于韧性

说起某物或某人具有韧性时，人们常常将其理解为他们折不断的抗挫折能力。这不是韧性的真正含义，韧性并不是指折不断，折不断不是我们追求的目标。相反，韧性是指我们从困难中恢复或适应的能力。它指的是不僵化，尤其指情感的弹性或灵活性。你的弹性是衡量在承受压力后，你能多快地回到你相对正常的状态。有韧性的人并不是对压力免疫，他们会感觉到压力，但他们会及时调整并恢复。

那么我们继续谈谈失败，这是本章的中心议题。

失败可以促进学习和个人成长。但不止于此，失败还会带来机会。

这是真的，前提是你愿意像刚才那样重新定义失败。

只要应对得当，失败和压力一样是无害的。有没有失败和压力不是问题，因为充实的人生都躲不过这两样，问题在于人们对失败和压力的反应。

在《科学美国人》2009年报道的一项研究中，发现了一种俗称“失败者效应”的东西。它的对立面是“赢家效应”，是我们都能理解的东西。当我们（人类或动物）获胜时，我们的大脑会释放出大量的神经递质多巴胺和睾丸激素。这些化学物质将重新连接我们的大脑让我们的脑细胞继续做他们所做的事情，引导我们成功。

设想，当你发现自己处于开挂状态时，一切都在为你让路。失败者效应的作用则正好相反，用老话“祸不单行”形容最为恰当。

在这项研究中，当猴子在试验中犯了错误时，它们的表现远比那些没有犯错的猴子糟糕得多。它们的失败和对它的反应阻碍了它们在失败以后集中精力的能力。“换句话说，它们因错误一蹶不振，而不是从中吸取教训。”

2010年时某家机构在一项研究中发现，实验人员给一组正在节食的人做了比萨，结果这组节食者认为这毁了他们的节食行动。据报道，在吃了比萨之后，这组人比那些根本不节食的人多吃了50%的饼干。可以说，一次破戒，全盘皆输。这说明，从错误中吸取教训不是人类的自然反应，人类的自然反应是陷入失败循环。而如果要避免陷入失败循环，人应当有意识地参与其中。通过失败吸取经验，并睁大眼睛发现其中的机会，再去重新定义它。

当我转变思路，把失败看作一个机会时，我的恐惧消失了。我不再像以前那样躲着它。事实上，你甚至想把它邀请到你的生活里来。它就像你讨厌吃的花菜，虽然不喜欢吃，但知道它有营养，常吃对身体有好处。显然我对花菜没有好感，如果我冒犯了你们这些爱吃花菜土豆泥、花菜比萨、花菜饭或纯花菜的人，我深表歉意。

如果你的奋斗目标成功地实现了，那好极了。但如果没有实现，你还可以重来一次。这时你知道哪里不行，哪些地方要注意。这次尝试要比第一次更有优势。有过一次失败，第二次尝试方向正确时，我敢肯定，第二次尝试成功后的收获比第一次就成功时要大得多。

有一个叫诺亚·麦克维克的人就是个很好的例子，他极好诠释了失败是人生的终极机遇。20世纪30年代，他发明了一种可塑的类似油灰的物质，用来清洁墙壁上的炭黑，使墙纸焕然一新，省去重贴墙纸的麻烦。产品市场很好，曾一度畅销，但后来随着人们的生活渐渐远离煤火，与此同时电和燃气加热流行开来，可水洗的乙烯基墙纸也发明出来，大家不再需要他的产品了。产品的销售风光不再，他被挤出了行业。从产品销售的好坏定义成功的传统角度看，麦克维克用他自己的话说就是惨败。

诺亚·麦克维克有个侄子名叫乔·麦克维克，他想帮公司免于破产。于是，诺亚雇用了乔，他们在家里摆满了产品研究对策。有一天，乔的嫂子，一个小学老师，注意到她的孩子们似乎很喜欢玩这种油灰。这种油灰比传统的黏土更好用，也不像黏土那般容易弄脏环境。于是她和乔开玩笑说，说不定可以重新定位市场，把它当作孩子们的玩具卖。乔觉得他也没有什么可损失的，公司已经不行了，为什么不试一试呢？这就是极其成功的趣味无毒玩具培乐多彩泥（Play-Doh）品牌的来历。

我相信每一个读者都对它不陌生，我甚至还记得它有一股糖的甜味。

对麦克维克叔侄来说，这是一次完全出乎意料的成功，而促成这次成功的就是失败。成功不是天上掉下来的，只可能来自于他们设法在绝境里求生的努力。当然，成功还来自反复尝试的勇气。这个故事是我最喜欢的故事之一，因为它向世人表明，只是一个小小的调整，就可以轻而易举地扭转败局，使它变得比原来还好。为了扫清道路以找到真正的机会，失败是值得的。

不过，作为一个完美主义者，一个“自我”如桃子般脆弱的人，我必须承认，我从来不享受失败，失败会让我异常难过。我现在也不能说自己很会处理失败情绪，但我允许自己沉湎其中，之后我对失败的理解就比较透彻。我认为，沉湎失败情绪这个阶段很重要，大家绝不要忽视和掩盖情绪，毕竟情绪是整个事件的一部分。

我要唤起两个不同的我进行对话，一个是说话做事的那个我，另一个是“天生知道”的那个我，就是凭借直觉的那个我。我们将在第九章中更多地探索如何利用你的直觉，但如果你想要知道一个快速启动它的方法，那就是让自己有机会失败。

2019年，我的第一本书在美国出版。当听说自己的书在美国销售的消息时，我就觉得自己已经成功了。但事实是，在这样一个巨大且竞争激烈的市场中，要想崭露头角是多么的困难。出版几个月后，我向出版商打听书的销售情况。当他们告诉我，全美总共售出110本时，我惊得差点从椅子上跌下来。更扎心的是，这个数字还包含我自己买的大约12本，用来送给在纽约推销这本书时遇到的人。我简直不敢相信这个数字，我觉得自己真够愚蠢的，居然会以为自己马上就能成功。

此后不久，我每周都为一家全国性报纸写一篇我很喜欢的美容专栏。但由于预算削减，像我这样的撰稿人被首批送上了绞刑架。好吧，没什么大不了的，这就是为什么作为一个自由职业者，你在任何时候都得多管齐下，才不至于让自己陷入困境。

但后来我的其他一些老关系也相继消失。另有一家杂志的编辑和我关系很好，我定期为她撰写新闻特稿，数量可观，正成为我的主要收入来源。我特别高兴，但后来她辞了工作，去了一个新地方。新接手的编辑想改头换面，以扩大她自己的影响，还有四五家也发生类似的事情。

更糟的是，由于失去了一些稳定的工作，而其余大把时间我又在美国宣传新书，我发现自己已经几个月没有收入了。我把交税的钱都花了（别担心，我最终还了）。虽然我有着“出书作家”的头衔，看起来很成功，但是现实并非如此。

当我丈夫问我，他能否把钱打进我们俩的公共账号用以支付那个月的抵押贷款时，我硬着头皮回答：“呃，不能。”

他随后继续问道:“你还有收入吗？”

……

当你是一名自由职业者时，你不可能提前知道你将如何维持收入（因此，如果你像我一样焦虑，这可不是一种很好的生活方式），但我目前想不出有什么机会能转化为实实在在的现金。于是我很自然地产生了这样的想法，我是不是正在步入失败？这个目标不会实现吧？也许是时候放弃了。

我把以上疑虑通通告诉了我母亲，想听听她的意见，期望她能说些

“你必须坚持下去”之类的话。可她完全赞同我的想法，她说：“要不重新考虑做一份全职工作，靠薪水养活自己？”

于是我的情绪一落千丈，为自己感到难过、感到挫败、感到受伤。就这样，我一蹶不振地过了一个星期。

渐渐的，我对事情进展不顺利已经麻木了。为了分心，我重温了《老友记》（*Friends*）[①]。此时即便想起这件事，我也不再会眼泪汪汪地必须去喝杯茶来安慰自己，而且我决定主动寻找机会。我知道首先要对自己表现出些许的关怀。我告诉自己，丢掉那些工作的责任不在我，不是我的错，这和我无关（我肯定希望和我无关）。美国那件事呢？嗯，那确实是现实。可我想，要是容易的话，大家都去做了。正是因为不容易，大多数人根本连试都没有试。我告诉自己，我够幸运的，能有这样的机会。只要还没放弃，就不算失败，所以给它点时间，耐心点，继续努力。

最后，我终于豁然开朗。我发现自己把如此多的时间和精力无谓地花在了无能为力的事情上。我所依赖的收入来源极其不稳定，如果我继续这样下去，将会一次又一次地遭遇失败。我意识到，所有这些工作突然消失之后，我拥有的是时间，正好可以好好利用。

既然挣钱这条路堵死了，我还不如忙着做些至少我能控制的事情。我决定，为了维持我现有的生活方式——除非万不得已，我不想全职上班——我要靠自己创造机会，而不是等待别人给我机会。我知道任何有价值的事情都需要大量的时间投入才能产生收益，这个时间可能相当

① 《老友记》（*Friends*）是美国全国广播公司出品的系列情景喜剧。——译者注

长，失败的概率高。但从我现在的处境来看，我没有什么可失去的。我可以放手一搏，如果一年内什么起色都没有，我还可以重新谋划别的出路。

所以，我开始制作关于焦虑的播客，这是我的第一本书《掌控焦虑》的播客版本。我花费了大量的时间和精力才做到了从零听众到每周5万人收看的规模。其间我有时觉得这不值得做，但将近一年后，我就积累了足够的观众，每个月都能通过广告赚钱。虽然不多，但这是我为自己创造的机会。另外，听众通过播客找到了这本书，还拉动了该书在全球的销售。我以前在美国的图书销售状况并没有真实反映此书的受欢迎程度，因为没有人知道这本书，但现在我创造了机会，改变了这样的状况。

而且我也因此有了更多的机会与很多公司的员工交流，因为他们当中很多人都是我的听众和读者。最终，我亲手创造的这个机会成了可以继续壮大的平台。还好当初我没有停止写那些东西，否则我就没有可能尝到失败的酸甜苦辣，也不会成长，不会坚定地去创造我最想要的事业和生活方式。

我现在每天仍然坚持创作，要是之前刚开始做自由职业时一帆风顺，相信也不会有现在这个事业了。

我当然没有忘记，自己有幸得到了丈夫的经济支持，因而能够支撑下去。我知道，并不是每个人都有这样奢侈的条件。但是我也知道，即便我必须全职工作，我仍然会在此投入精力，我创业之初就是这样的。这很不容易，人们需要承受加倍的忙碌，并且愿意换个角度看待失败。

我应对失败有很具体的步骤。首先，我向失败情绪屈服，我知道自己骨子里不喜欢失败，那我就脱胎换骨，学着把失败看成机会。

注意，当把失败转而看成是机会的时候，那并不是说，失败到来时你感到兴奋；不是说你就不会恼得不扔玩具了；不是说失败给人的感觉不糟糕了；不是说你就会享受失败。所以，当经历挫折和失败时，你没有必要强制自己高兴，顺其自然就好。

失败时，我们心里往往有一场拔河赛，绳子的一头是真实感受，另一头是你觉得该有的感受。此时放下绳子，不要强迫自己压抑情绪，感觉很糟却竭力掩饰是作假的行为。

无论是得知没能得到一个工作机会，还是一段感情出了问题，企图当天就在失败中发现机会是异想天开。此时不是探寻失败积极面的时机，事实上，我真的很讨厌有人在我最沮丧的阶段跟我说，这一切的发生是有道理的，好像我当时就应该立刻去找失败所预示的积极方面，好像消极的感受是洪水猛兽，就该藏起来。你千万别对一个刚刚经历失败（或还没有成功）的人说这句话。如果有人对你说这句话，别理它，在尘埃落定之前，这句话没有任何用处。

说一句“没错，我知道这糟透了，我为你难过”要好得多。有时候，你只是想听到一句“觉得难受没关系”。当内心刚刚破碎成渣时，你不会想听“时间可以治愈所有创伤”之类的话，因为你还没有做好准备接受这句话。失败转身的时机很关键，难过是正常的，也很必要，它有助于厘清思路。让你自己哭上一会儿能把皮质醇冲刷出身体系统，是一种极好的治疗方法。当我感到想哭的时候，我一定会哭出来。哭就像一件老家具，没有惊艳的外表，当你好好地把它擦洗出来，你就会发现，它还不错。

当最初的、自然而然产生的失望褪去，情绪渐渐恢复正常时，就到了冲锋陷阵扭转乾坤的时刻了。你可以问自己这几个问题：

“下一步该怎么办呢？”

“有哪些不同的办法呢？”

“哪些方法行之有效，哪些行之无效？”

“我真的在乎当前的事业吗？”

“我真的想要吗？”

“这有机会吗？”

这个机会不一定是像麦克维克叔侄那种（我自然希望能对你说，每一次失败都会让你成为百万富翁），我书中所指的机会是任何让你觉醒和成长的东西。

以这种方式应对失败，你不用改变反应方式，你只需对关心的事做出自然反应。不管你怎么想，这方法的确有用，值得去用。你用不着约束情绪，因为有时候接受是最好的策略。然后，待时机成熟，你就让它为你服务。

思考时刻

回想一下你最近经历的一次失败，或者你预想到会发生的失败。这次失败带来了什么结果呢？有没有隐藏着机会？在一条道路上跌倒有没有让你发现另一条路？分手是不是让你有机会认识一个更适合你的人？

失败对你的韧性有何影响？你是不是经过一段时间后发现，弗里德里希·尼采（Friedrich Nietzsche）和歌手凯莉·克莱森（Kelly Clarkson）说得没错，“毁灭不了你的总能让你更强大”。

你的皮筋是不是回弹力更好了呢？失败的确很糟糕，但不可否认的是，如果你有足够的勇气去找寻，失败也是一个伪装的机会。

第五章

真相 5

允许脆弱就不脆弱：理解脆弱悖论

终于，这章要专门论述贯穿《穿透》全书的主题“脆弱”了。

到底什么是脆弱呢?

我们最近经常听到这个词，它和焦虑一样，是个存在了上千年的词汇。但脆弱的传统定义，或者说大家理解的意义与我理解的意义有些差别。前者是消极的，是要尽量避免的；后者是积极的，是受欢迎的。

词典对脆弱的定义是“身体或情感处于易受攻击或伤害的状态”。因此，我们能理解，为什么没有人喜欢这种感觉，更不用说欢迎了。尽管在任何时候都没有人愿意脆弱，现实却是，地球人没有一个能够逃脱脆弱的状态。人们生而脆弱，死亦脆弱。

是人就必定有情感上的脆弱和肉体上的脆弱。比如，一个人恋上某人，希望他也能恋上自己，这是情感上的脆弱；又比如，人终将走向死亡（抱歉提起这个字眼）这个结局，这一点毫无争议，是人类社会的首要信条，是肉体上的脆弱。如果有那么个人，你看着他会想，哇，他们简直就没有脆弱的时候，他们简直就是钢铁做的，那么你错了。要么他们此时正经受着脆弱，但尽了最大的努力去掩饰，要么他们早就读过本章，已经学会了与脆弱和平共存，二者必为其一。

脆弱存在于生活的方方面面。当你不确定自己在干什么，或者没有全力以赴的时候，你能感觉到脆弱；当身体不适，或在恋爱中时，或者当你分享一些关于你自己的个人信息，担心对方的反应时，你也会感到脆弱；当你应邀做一个演讲，所有人都盯着你的时候；当你刚刚把新生儿带回家，不知道怎么照顾的时候，你同样会感到脆弱。所有这些脆弱其实都源自内心对受到的攻击或评判的恐惧，不管你是不是这么想，因为大脑最关心的一直是安全和生存。所以，我们大家都在尽力避免自己陷入脆弱境地。

我想再说一遍，比起人类早期大脑还未充分发育时，我们今天面临的脆弱比曾经可控多了。那时，我们要是生病，或者在周围有猎食者的时候睡着了，又或者因为行为粗鲁而被所属部落拒之门外，那么死亡就在眼前。今天，无论我们在工作中需要做一个演讲，还是感情受伤后开始一段新恋情，生存都不再是一个问题。但我们仍然对任何令我们感觉受伤害的事情怀有同样的敌意，这不一定指对身体的伤害，肯定也包含对情感的伤害。

脆弱人人都有，这无须摆出科学研究让大家相信。我们都能回忆起自己或多或少感到脆弱的时候，我差不多每天都有。然而，长期以来，我们竭力表现出坚强，结果致使紧张情绪大量累积（这自然是我的亲身体会），进而导致压力过大、神经紧绷、焦虑泛滥以及工作和人际关系中出现种种问题。面对脆弱，我们如临大敌，用和躲避失败同样的方式逃避脆弱。

尽管脆弱与生俱来，但大家不愿意向外人泄露自己的脆弱。很多人没有意识到，这是在拒绝事物的本来面目。虽然我们能完美地掩饰一时，但有句话说得好：纸包不住火，总有一天裂缝会出现。就拿我来说，这条裂缝就是焦虑，它给我造成了极大的损害。我当时状态不好，刚换了工作，内心强烈地感觉难以胜任，但对外，我拼命地表现出我可以的样子。我不情愿暴露脆弱，这导致了脆弱每天上演，于是恐惧也随之爆发。

然而很不幸，我们的文化不允许，甚至迫于生存的需要，生理上都不允许把它表现出来。

在现代，我在成长过程中经常听到一句话，那就是："家丑不可外扬。"这是一个被作为法则受到广泛认可的道理，尤其是对我父母这一代人和他们的父母那一代人来说确实是这样。比如他们认为，婚姻出现了问题不能对外人说；家里有人有心理健康问题一定要保持沉默。我有一个朋友，她家族有个男性亲戚患上了精神疾病，非常痛苦，被送到精神病院治疗，这是当时通常的救治办法。为了不让外人知道这个所谓的"家丑"，他的家人对外宣称他已去世。想想看，这家人宁肯谎称亲人已经死亡也不愿意将脆弱暴露在外人面前。

所幸时代已大有进步，但是这样的缄默仍然存在。记得我第一次在社交媒体上公开我的焦虑，朋友们的短信蜂拥而至："你确定要把它公之于众吗？"当时社交媒体上对于心理健康的意识还很薄弱，只展现美好的世界，脆弱在其中是个稀罕物。

例如，在公开演讲培训班里，你到今天仍然会听到这样一句话："不要让他们看到你的恐惧。"似乎没有惧色仍然是成功与否的关键。许多工作场所流传着一个信条，即"还没成功那就装下去"，其中的反脆弱的意思跃然而出。

我记得我曾想要把凯莉·卡特隆（Kelly Cutrone）所写的《如果忍不住哭泣，就去外面哭》（*If You Have to Cry, Go Outside*）一书的理念强行往脑子里灌，因为当时我觉得，表现出强悍是成功的关键。我一遍遍尝试，但发现这对我没用，违逆了我的本性，结果适得其反，反而引发了我的焦虑。当时我真的以为给自己裹上坚固的外壳对于在职场打拼的人是非常必要的。我从那些高阶游戏玩家身上看到，比如卡特隆女士，他们似乎拥有堪比斗牛犬的强悍，认为“你要想拼到那个级别就得这样”。职业领域不言脆弱，二者不相容。有了这样的认知，我就觉得要想走得远，必须表现得能搞定一切，各方面能力都很强才行。我性格太过软弱，要是把自己的致命弱点暴露在外只会给我带来损害，对我的职业生涯产生负面的影响，而我还不止一个致命弱点。

但我错了，最终我发现了另一个真相：允许自己脆弱就代表不脆弱。

什么?

请听我说完。

我真的相信，允许自己在日常生活、人际关系甚至职业领域中暴露脆弱反而可以加强自己身上原以为会被脆弱夺走的力量和韧性。自己掌控了脆弱即瓦解了脆弱，脆弱就将不脆弱。自己掌握脆弱，我们则无脆弱可击，也就不脆弱。

这个真相我一定要推荐给你。我发现它能改变游戏规则，我称其为脆弱悖论。解释如下：

一个大家熟知的例子是在电影《完美音调》（*Pitch Perfect*）中扮演胖艾米的瑞贝尔·威尔森（Rebel Wilson）。当然，所谓大家熟知是指在音乐喜剧迷的圈子里熟知。她虽然开心又自信，但她知道其他人会诟病她的体重，恶毒的人会以此来攻击她。因此，她不等别人向她投来恶意，自己接受脆弱并把它当作自己的特别之处。她将脆弱据为己有，在别人没来得及评论或恶毒攻击她的体重之前，她就先称自己为“胖艾米”。她浑身上下没有一点自怜，全都是“这就是我，我很好”的气息。她把自己的脆弱当成盔甲，十分行之有效。她把自己的脆弱作为一种长处展示在世人面前，这让她无脆弱可击，不受伤害。

如果你读过我之前写的书，或者关注过我在照片墙上漫无边际、一分钟能说上一英里的絮叨，你就会知道，我完全支持将脆弱据为己有，掌控它。我每天喋喋不休地谈论它的重要性，以至于我的好多朋友都说我是脆弱的代言人。

自从关注脆弱之后，我的生活有了很大的改观。这首先归功于布琳·布朗（Brene Brown）给我的启发。你要是不熟悉她是做什么的，我建议你先去把她的TED演讲、她写的书、网飞（Netflix）[①]、她发表的文章，还有很多其他的信息统统找来去读去听去看，然后再回来。当我不再否认自己的脆弱，愿意接受它、忍受它而且欢迎它时，我感觉到我比以前更加有韧性。这是克服长期困扰我的焦虑唯一且最重要的一步。

然而，做到接受脆弱就着实花了我很长的时间，将它视为可以拥抱和庆祝之物则花了更长时间。不过，对我来说，接受脆弱不是我某一天出于绝望所做的一个选择，这是我尝试建立一种应对机制的背水一战。这种应对机制最后证明，如果我早一点建立的话，我会少遭很多罪。

我记得曾对前任老板表达过我有多么焦虑，这焦虑不是那份工作带来的，但我当时拼命隐藏。在内心深处，我觉得说出来去勇敢应对会更好。向老板表达之后，我还有点担心她会认为我不胜任这项任务，不是

---

① 网飞（Netflix）：美国奈飞公司，也称网飞。是一家会员订阅制的流媒体播放平台。——译者注

一个靠谱的人。

实际上这个话题是我在面试这个职位的时候提出来的，弄不好就会搞砸面试。面试一般都只想展示最好的一面，给人留下最好的印象！说不定凯利·库特隆会当面摔门，叫我什么时候强大了什么时候再来。

这份工作其实是我失业几个月来找的第一份工作。虽然向别人说出自己的脆弱很难为情，但正如我之前所说，我别无选择。我觉得说出来不管怎么样能让我免于让他们将来失望。对这家新公司来说，让他们知道自己要雇佣的员工有焦虑（但仍然能干！）才是公平的。我觉得如果我不说，那么过后我会恐慌，我会担心焦虑迟早会暴露，让所有人失望，包括我自己。然而，我说了我的脆弱后，她也向我说出了她的脆弱。就在面试中，她说她对我的焦虑感同身受，她为我经历的那段艰难日子感到难过；她说她知道焦虑的感觉，并让我放心，因为不是只有我一个人有焦虑；她说："我们大家都有焦虑，我们必须让工作成为一个缓解焦虑而不是加重焦虑的地方。"

她的话足以说明她是个有人情味的人。不久，我听她讲了她自己的故事。喝咖啡的时候，她对我说，她有时候也觉得特别难，这个职位她以前没有干过，觉得有点力不从心。我发现，得知这些并没有让我对她的看法有任何改变，反而让我更加尊重她。

她欣然接受我的脆弱并视之为正常这一点对我的意义太大了。我并不弱，我对于公司来说是一名不错的雇员。我是人，她也是。我们都愿意活得真实，而且我很快发现，我不是唯一脆弱的人，我们大家都是，但又总想假装不是。

我把自己的脆弱说出来并没有对我的工作或别人对我的看法产生任何

负面的影响，虽然我承认这里面有幸运的成分。这家公司对心理健康问题采取了更开放、更进步的态度，而我与朋友谈及此事时，他们讲的是完全不同的故事。对我来说，分享脆弱只有好处没有坏处，我坚信这一点。所以我不理解为什么我们每个人，无论首席执行官还是职场新人，怎么就不能让自己示弱，让自己更真实些呢？这不是能让我们做得更多、完成得更好吗？

就因为我不遮掩自己的脆弱，我和老板的关系很好，心甘情愿地加倍为她工作。这对公司肯定是积极因素。它也让我的工作更出色，因为我身心愉悦，放下了想把自己打造成镇定自若的人设负担。通过积极面对焦虑，我做到了暂时将它搁置，带着“状态不好也没什么关系”的心态继续工作。脆弱不是秘密，用不着隐藏。

我因此越发有韧性，焦虑感一天天减少。我体会到，生性敏感并不意味着工作缺乏能力，这适用于我也适用于我的老板。脆弱不妨碍我实现目标，甚至可以说，正因为有脆弱，我才有所作为。

说真的，一个传统的不容许脆弱的高压公司环境（有些公司仍然是这样的）很难给个人或公司带来积极而长远的好处。当然，短期好处还是有的。比如，你给人的第一印象不错，成功地拿到了这个工作机会，一切很顺利；你平稳度过了一天；你完成了工作，你找到了一个大客户（这是个比喻，或者在你的领域里有任何类似的东西去替换掉就好）；你躲过了表达真实感受造成的尴尬对话；你让人觉得你体内饱含一腔热血，大家都觉得你工作出色，做事笃定。但你回到家后，你知道自己的感受一点也不好，你发觉这天过得很难，做事一点也不笃定，常顾此失彼。如果不熟悉这样的感觉，那就去看看电影《穿普拉达的女魔头》（*The Devil Wears Prada*），你就知道我所言不差。显然，这部电影是一部写实作品，是生活的真实写照。

我也和在公司担任高级职务的一些朋友有过交谈，其中有一个是一家全球数字媒体公司的创始人。我因为和她是朋友，所以没有把她当老板。但她发现，一些基层员工十分惧怕她。不用说，这让她感觉很不好，大家没有把她当成一个普通人，她认为这是不对的。在员工们的眼里，她是高高在上的老板，工作作风强悍，看不出有什么脆弱。这实际上导致了她和她的团队之间的脱节。他们觉得她难以接近，不认为她能融入自己的圈子。但你看，她向我诉苦，告诉我她工作有很多难处，她有冒名顶替综合征，她担心下属对她的看法。我一边听一边想，一旦不容许脆弱，没有人是赢家。

我承认，脆弱对我这个职业影响不大，尤其我的写作话题就是关于脆弱的。可有人问我，对于一个站在法庭上的律师，或者其他要求临阵不乱的职业来说，他能掌控焦虑能泄露脆弱吗？这的确是一个很好的问题，它让我思考，我们怎样才能既允许自己脆弱又不至于让它伤害自己的专业权威呢？

我认为，答案在于对脆弱的认知。如果我们把脆弱误解为无能，当然就觉得这个人不可靠。比如把律师的脆弱误解为一个律师在协调一对夫妇离婚案条款时泫然欲泣，又或者，这对夫妇在和律师见面时，律师喋喋地不休讲述他自己离婚时的各种奇怪的事。人们常有这种错误的认知：脆弱就是把感觉告诉全世界，就是表达悲伤、恐惧或担忧。我就曾听人说过这类话：“那怎么办呢？我们是不是该让内心一览无余，见了谁都说？我们是不是该在工作时哭诉自己的恐惧和不知所措？”不是的，起码不全是这样。

这不是我们所说的脆弱。就是因为有人这么理解，才会有人在说起脆弱时投来冷嘲热讽、各种不屑和雪片般的闲言碎语。脆弱之于我有着完全不同于古老定义的含义，我理解的脆弱是表现真实，传达人性。

那位也离过婚的律师可以对那对夫妇说，他完全理解他们的感受，知道他们日子不好过。他可以告诉客户他自己也离过婚，但不必向他们细说那些令人不快的细节。他因此就能自然而然地与客户建立起更真实、更有意义的关系。一旦拉近了关系，客户也会更加信任他，把他当成一个普通的人，而不只是名律师。而且客户也会知道，他能从亲身经历汲取经验尽其所能地履行职责。他能把脆弱看得很平常，说明他的心理更加强大了。

再来说我那个创始人朋友。她用不着在员工会议上贬低自己，也无需向员工吐露不安全感以获得员工的好感。一个老板必须会鼓舞士气，有力量为员工提供依靠，但老板又同时是一个真实的人。所以，她可以在员工会议上说："我对这个话题不太熟悉，谁能给我科普一下吗？"为下属提供机会强过假装自己什么都懂然后暗地里拼命恶补。

她甚至可以与团队中的每一位成员进行一对一的沟通，在这样一个更私密的环境中说出她以前处于他们的岗位时曾经有过的这样或那样的担心；告诉他们，她看得出来，他们做到她的位置时，会比她做得更好；告诉他们，他们是不断学习的人，这是她愿意和这个团队一起工作的原因，等等。

这些都是假想的例子，但你明白我的意思：你不需要因为对某件事感到不安而大发脾气，那不合适也不专业。但是自然而然流露出真实的一面似乎没有什么大不了的，那反而会对你的工作感受产生巨大的、积极的影响。

另一个出乎意料的结论是，当你愿意暴露脆弱的时候，脆弱明显成了自信的标志。例如，我知道自己经常跟着感觉走，而且作为一个自由职业者，我对每个月怎么应付账单开销也糊里糊涂，可这些都无损我的成功感觉。我很清楚我不能太累，否则身心会垮掉，但我也知道，一定有公司请我向他们的员工谈论如何管理焦虑，我不怕告诉组织者和员工，我仍然有焦虑需要解决。我不会站在一个玩转魔方的权威立场上说话，我决不会给自己那么大的压力。

在任务太多我应付不了的时候，无论是工作方面的还是其他方面的，我都无所畏惧地说出来。说出来并不会降低我的能力，我相信有很多人在很多方面都比我强，比我写得好的作家有的是，比我强的编辑、比我讲得好的人也多得很。我不忌讳向大家讲述我如何在美国拼命推销自己的书，哪怕这会让人知道我的书卖得不好。这个概率很大，毕竟在美国这么大一个国家，要产生影响是多么不容易。但我不怕尝试，哪怕是无用功。我不会因为害怕出差错让我显得失败而先谦虚一阵。所有这些都是脆弱，但将它们据为己有就是自信。

我再举个现实生活中的例子，说明脆弱悖论以及由此产生的自信。

我最近为一家爱尔兰杂志采访了《魅力》（*Glamour*）美国版主编萨曼莎·巴里（Amantha Barry）。她刚接手这个新工作几个月，全凭自己的实力。她坦然承认，刚接手时，她感到非常脆弱。我原本就钦佩她的成就，她这种坦诚更加深了我对她的崇敬。

从社交媒体和数字领域进入一个传统的主流印刷领域，而且是一个非常关注时尚的领域，她有很多知识“空白”。不用说，行业中的其他人，说不定是觊觎这个职位的人，都迫不及待地想对其指手画脚。但她并没有试图掩盖，假装它们不存在，而是一开始就承认自己在一些方面的脆弱，让那些在这些领域更有专业知识的人指导自己。应该说，这是领导力的标志之一。

承认并正视“脆弱”有许多好处。从第一天起就承认自己不懂，也就没有人可以再对她说三道四，也没有人会因此而评判她。这种做法消除了受到言语攻击的可能性，因而令她无懈可击。这意味着，她可以把大家的注意力转移到她想强调的主题上，即她有哪些长处可以发挥在《魅力》需要提升的那些领域。这正表现出了她真正的自信，虽然她没有向我说这些，但我觉得这减轻了她的压力，让她成为一个仍在成长、尚不完善的人（允许自我接纳和自我关怀）。当然，谁不是呢。

这也意味着，她在《魅力》的新团队会将她视为一个人，而不是机器人或难以接近的冰冷上司，因而她与团队成员建立了更好的关系。这意味着，员工们也不用有太大的压力，不用急于求成，因而工作起来更具有协作精神和创造性（对他人产生了积极的多米诺骨牌效应），更能取长补短，在需要帮助时更不怕求助。求助不是暴露短处，相反，乐于求助凸显了长处。对萨曼莎·巴里来说，不介意向别人透露自己的脆弱是她最大的长处之一。

我越关注脆弱就越觉得，对脆弱的恐惧是人们焦虑的根源。例如，在人际关系中，越害怕暴露自己的真面目越没有办法靠近想亲近的人。太在意别人的看法会加重焦虑感。拿很多人都有过的冒名顶替综合征为例，我想说，首要原因就是对脆弱的恐惧。

如果对脆弱的恐惧是大多数人问题的根源，不怕脆弱就是其解药了。

我们就来举冒名顶替综合征的例子。冒名顶替综合征是当一个人向外人展示的自己和内心认知的自己不一致时造成的不适感。要想终止这种感觉，就要对外表现出真实的面目，包括脆弱，然后，冒名顶替的感觉瞬间就会消失，只剩真实。将内心的自我和大众眼中的自我重合，就不再有冒名顶替的焦虑。

我们一直害怕脆弱，但如果你能停下脚步，抽空去了解它，你很快就会意识到，它不仅是解除你各种焦虑的关键，而且还是帮你走向轻松自在生活的必由之路。

关于脆弱，还有很重要的一点需要说明。所谓掌控脆弱不仅仅指将焦虑、不安全感或者我们所谓的“弱点”掌握在自己手里，它也指握住自信。我认为，不怕脆弱才能展现自信、才能自由发表意见、才能为自己骄傲、才能鼓励自己、庆祝自己大大小小的成就。为什么呢？因为，很不幸，至少在我生活和工作的爱尔兰，若按照原本的词典对脆弱的定义，自信的样子可能会招致非议，也可以称之为攻击。

为什么会招致非议呢？因为，长期以来，自信被视为傲慢，会有“她以为她是谁”的反应，我自己也曾有过这样的反应。

自信并不总会受到热烈欢迎，尤其是对女性来说，自贬和谦虚更受人称道一些。因此，为了被接纳和避免被针对而伤到自己，大家更倾向于隐藏起自信，低调处理成功和成就。人们似乎更倾向于多说发生在自己身上的坏事，因为全社会都喜欢打听别人的遭遇，这让大家更能接受自己的不自信。

别人的自信，按理说会激发一个不自信的人，但事实常常并非如此，不自信的人往往感受到的是威胁。想想看，是不是人们喜欢听明星讲自己觉得不胜任工作时的糟糕感受。但当他们说“我知道我就是这个角色最合适的人选，从没怀疑过”时，我们往往心想“哼，他们还真拿自己当回事儿”，好像这是件坏事。因此，说一说发生在自己身上的好事也是一种掌控脆弱的表现。但请记住，这不是说你没有自信的时候强说自信，也不是一味自贬，而是指实话实说、不卑不亢。

近来我和脆弱相处得不错。但曾有很长一段时间，我们之间的关系有点冷淡。我全身都在抗拒脆弱，一点也不想了解它。为了和大家相处融洽，我一直言不由衷，完全像另外一个人。我表现得很想去参加节日狂欢、想去射击场、想睡在湿漉漉的帐篷里，其实这对我而言简直就是地狱；我似乎是一个接到通知就可以说走就走满世界跑的狂人，毫不担心"旅行腹泻症"（指一旅行，就腹泻），可这同样是人间地狱，而且必须排在榜首；我竭力表现得不焦虑，但我其实很焦虑；我不想有肠胃问题，但我就是有；我想融入比我成熟的同龄人圈子，但我就是融不进去。

最终，焦虑占了上风，把我吓坏了。我不是怕焦虑本身，我是怕其反映出我背后的真实状况和我在外人眼里的形象；我怕别人看不起我；我害怕自己会显得软弱；害怕没有人愿意给我工作；害怕没有人愿意跟我约会；害怕自己没有能力。很长一段时间以来，我逼着自己不去面对。我特别希望如果我假装没事，我就真的没事。

那个时候，我对脆弱的恐惧、对焦虑和现实的抵抗，就像女巫大锅里的绿色酸水，咕噜咕噜地翻着泡溢出来，所经之处，皆被腐蚀。但是当我渐渐地与它和平相处，先是接纳自己，然后是接纳别人（这是我的应对机制）时，脆弱不再是敌人，焦虑减轻了，力量强大了，信心提高了。按照悖论所言，我真的让自己觉得不脆弱了，而方法首先就是选择了真实。

动手把脆弱应用到日常生活里之前，要先从理解脆弱下手。你必须承认，人们成年后就不再把脆弱当成应对机制了，而这是可以改变的。转变视角是改变的第一步，而要转变视角必须开辟新的神经通路。我们在第二章讨论过，开辟新的神经通路不是一日之功，所以我们必须有耐心，必须小步进行。

表达脆弱不要急于从职场开始，最好先从个人的婚姻或恋爱关系入手。这尤其适用于你一直在向对方隐藏脆弱的情形。一段婚恋关系成功与否取决于双方是否都愿意把脆弱暴露在对方面前。否则，两人就无法建立亲密关系，也无法建立信任关系，双方无法确定对方爱的是你这个人，还是爱你在Tinder（社交软件）软件上上传的个人资料。一段不见脆弱的感情是不会长久的。假如你还没有恋爱，可以找个朋友试试。友谊关系也许不像恋爱那般热烈，但两个朋友之间分享各自的脆弱同样能获得亲密、信任和共情。不仅你们的关系会受益，你个人也会感到自己被接纳和支持，是个值得爱、值得交朋友的人。

比较好的做法是，首先想想你为什么不愿意暴露脆弱。你是害怕被评判吗？最坏的情况会是什么？如果你在一段感情中敞开心扉，却没有得到你所希望的结果，你必须自问，这段感情是否还值得继续。也许这正是你害怕暴露脆弱的缘由，因为你得不到所需的支持。在一个对的恋爱关系中，只要你愿意表达脆弱，就会有足够的空间任由你表达。

还有一个很好的做法是，清晰地表达自己的感受。在向别人讲述你的脆弱之前，自己先深入思考怎么去表达。想想你怎么表述才好呢？不管你是在纸上写下来还是泡在浴缸里沉思默想，都值得一试，以确保你说的话不会被误解。

举个例子。我记得当我开始和巴里约会时，我想让他知道，我不确定自己是否已经准备好认真地跟他恋爱。我刚从上一段长期的恋情走出来，情绪才刚刚好转，害怕这么快就再次承诺。我感受到这段新关系中的压力，但这不是来自巴里，而是来自我自己。所以，在说给他听之前，我必须先让我自己的想法清晰起来，真正弄清楚我的脆弱来自哪里，否则一切都会乱套。他会觉得我对他不感兴趣，而实际上这对我来说只是一个时间问题。这听起来像是我在暗示他在给我施压，而事实并非如此。

当我花了些时间先进行梳理，过后再分享给别人的时候，我就自信多了。我把感觉告诉他时，他很理解。他欣赏我的诚实，也能感受到我害怕再次受到伤害的担心。有了他的理解，压力立刻消失了，我在之后与他共度的时光里毫无掩饰地做真实的自己，而他完全清楚我们各自的立场。不久，我们的关系加深了，现在是一对无聊的老夫老妻，并甘之如饴。

总结一下要点。在恋情或婚姻关系中分享脆弱之前，问问自己以下几点：

※ 我为什么不愿意暴露脆弱？

※ 我到底害怕暴露脆弱会带来的是什么样的后果？

※ 假如我的伴侣向我诉说脆弱，我会如何回应？我希望他向我暴露脆弱吗？

※ 我怎样才能最好地表达脆弱？

当你准备跟恋爱对象分享脆弱时，你要做的是表达你对某件事的真实想法。请抑制住你脱口而出的动听话语，这是恋爱初期常犯的毛病。你要告诉他你有一个特别想要达到的目标，也告诉他你觉得这未必能实现。这就是分享脆弱。

恋爱中引入脆弱的另一个关键方法是，需要什么就直说。这个方法让你发怵，但值得一试。例如，我焦虑时会对巴里说，我真希望他能取消晚上的计划留下来陪我，让我不至于孤零零一个人感觉很惨。这完全违背“如何成为超级酷的悠闲女友”规则手册的要求，但这才是真实。

在我的婚姻关系里，这些我一样不落地都做过。和朋友们交往也是这样，我对待送信的、卖肉的还有在火车站给我票根的人也是这样。这似乎有点不必要。

以下是有关脆弱和真实的相关实例，恋爱初期或中期的朋友们用得到：

※ 即使不分享，也要坚持自己的想法。

※ 有什么说什么。

※ 留心何时你竭力显得悠闲而实际在隐藏真实感受。

※ 向他们讲述一段你自我怀疑的时光或者其他一些脆弱往事。

※ 谈论两个人都害怕的某些事情。

为什么我要鼓励你不仅在人际关系中也要在生活的方方面面把握自己的脆弱呢？因为这样才可以把你和真实的自己合为一体，如此你便刀枪不入，没什么事可以伤害到你。这是一个非常强大的领地。

在我的职业生涯中，掌控脆弱极大地减轻了我的压力。我说话总是这样的："这个我知道我能做，这个我知道我做不了，这方面我没有太多的经验"或者"你知道我做过很多次了，我知道这是我的强项，我认为我适合做这件事"。把握脆弱能为你带来更多机会，也让你更有韧性，对错失机会不再耿耿于怀。

脆弱看似"软弱"，觉得有风险，暴露脆弱似乎对自己不利。但是，掌控脆弱绝对不会。掌控脆弱，你得到的是随时随地做最真实的自己，不抗拒、不否认，不管是好是坏、是积极还是消极，不管你骄傲自信还是犹疑茫然，不管你是不是选择说给别人听。最重要的是，你至少为自己把握住它。因为当你允许自己脆弱，你就不再脆弱。

思考时刻

我们不该去回避脆弱，而是要欢迎和掌控它。别再按照传统意义的脆弱去理解脆弱，认为暴露了就会威胁到自己。请把它理解为真实性。

每天找机会真实地做自己，观察别人是不是以同样的方式对待你。以证明不脆弱的观点是正确的。如果到现在为止，我仍然没有成功地让你相信，脆弱不再是一个肮脏的字眼，不再是一个需要藏起来的东西，我想借用布琳·布朗的一句充满智慧的话来总结：“脆弱不是输，也不是赢，它是指结果失控时有勇气不遮遮掩掩。脆弱不是软弱，而是衡量勇气最有力的武器。”

她说得没错。

第六章

真相 6

一人难讨百人欢

该说说和讨好人相关的事实真相以及怎么减少这样的行为了。

本书这一章专门探究讨好人行为。它极其普遍，是引发焦虑的行为之一，有着自我强加的性质特点。只要在谷歌上搜索“讨好型人格”，你便会发现，它和冒名顶替综合征一样，历史悠久，而且“患者”极多。这是另一个传染性情绪，除非自己察觉，不然不会知道。

想象这么一个场景：我坐在美发厅的椅子上，注视着自己新染的头发，吹干了之后像紫色小恐龙巴尼（Barney）的毛发，与我一开始要求的染成照片墙图片上的赤褐色偏差太大。可理发师一声惊叹“这简直太漂亮了”之后，我还是选择向她点头微笑表示赞同。其实我讨厌这个发色，连带着那一刻我也极讨厌那位发型师。我知道，这只不过是头发而已，我不该太在意，生活中有的是其他更重要的事情。但我还是想哭，看着镜子中的自己，我的内心与讨好型的自己进行了一番无声的决斗。掂量了一番，我决定还是假装开心为好。于是我支付了简直是宰人的240欧元。因为我怕被说小气，所以我还给了小费，然后回家暗自心疼，再预定另外一个美发厅重新来过。因为于我来说，这比直接诚实地说“我不喜欢这个造型”容易得多。

直接说我不开心？那简直不可能！

那无异于打击那个女孩，她可是付出了数个小时的辛苦，而且很满意自己刚刚做出的造型。如果我要求重新来，那将会打乱她们后面的预约安排，我到最后也会感到内疚和压力。同时我也会伤害到那个女孩的感情，那么她对我的印象就一定很糟（至少我是这么认为的）。虽然我再也不会去这家美发厅了，将来也不可能再碰上她这个陌生人，但我还是无法接受任何人讨厌我或者对我印象不好。

我能想象，她等会儿会怎么向她的同事吐槽，碰到了怎么怎么难搞的客户。我至今觉得，如实地说出真实的感受似乎是件很冒险的事情。如果顶着这一头令人讨厌的头发回家能够避免这些尴尬，那就是值得的。

那我是怎么克服讨好人习惯的呢？

我们待会儿再讲。我知道，悬念最让人讨厌了。但我想说，如果这类事情听上去让你感觉特别熟悉，那么，我真的很不愿意跟你透露一个事实，那就是，你和我一样，有着讨好型人格。正是此类看似无伤大雅的日常小事促使我写作本章。在我身上还发生过大街上被购物袋袭胸，当事人若无其事地从我身旁冲过去，似乎我才是那个该道歉的人。

我想知道，讨好别人的行为有着怎样的机制？为什么人们会有这令人不快的行为？还有，为什么这样的行为有史以来就有？我想了解，讨好别人到底是以什么样的方式影响人们的？关键是，我想提供一个解决方案，或者至少是一套可操作的备选方案录，从而引导大家蹚过这片浑水，促使我们开始重视自己的需求。

“讨好者”这个词最初是由家庭理疗师、心理学家及作家维琴尼亚·萨提亚女士（Virginia Satir）提出的。她认为，讨好者往往觉得自己的价值体现在自己是不是对他人有用。

临床心理学家詹妮弗·古德曼（Jennifer Guttman）认为，一个更为普遍接受的定义是："讨好者是一个有着取悦他人的情感需求的人，常以牺牲自己的需求或欲望为代价。"也有人将讨好行为描述为，为了成为他人期待的样子而放弃自己真实一面所做出的行为。

真想因此暴打自己一顿。但在此之前，要知道，总的来说，我们都喜欢去讨好别人，而且说起来这是有充分理由的。

首先，讨好别人让我们的自我感觉良好！我们喜欢被别人喜欢的感觉，这没有什么不好。我们愿意远离冲突，而且可以肯定的是，让别人失望不是一种愉快的感觉。再说一遍，这都是很正常的情绪，谁喜欢冲突呢?

对于某些人来说，身上有讨好别人的倾向不是一个大烦恼。人们更愿意让人觉得随和，必要时愿意做些改变从而避免冲突；人们愿意常说"好的"，愿意表现出自己是个可信的人。各类研究表明，大脑有一个奖励中心，取悦他人的行为并受到他人的夸赞足以令其活跃，足以让多巴胺的分泌达到一个峰值。人们渴望被夸赞，渴望得到来自别人的积极反馈和认可。

听着特别耳熟是吗？是的，我也觉得。截至目前，乐于取悦别人貌似没有什么不好。你其实想说，有更糟糕的事情折磨着人类的思想。

问题是，尽管取悦他人有一些积极的方面和短期的好处，比如，这会让别人这一天过得更轻松，或者能避免尴尬的谈话，但它也有相当可怕的长远坏处，我们之后会探讨。《纽约时报》畅销书作家兼临床心理学家哈丽雅特·布莱克（Harriet Braiker）十分关注人们在取悦他人上的集体倾向，她用了一个相当严重的词来描述这样的心理疾患——讨好癖。

布莱克认为，取悦他人的行为一不小心就容易危害讨好者。它会变成强迫症，令人失去能力拒绝自己不喜欢或不想做的事情；它会演变成讨好人麻痹症，令人无法坚持自我，倾诉自己最真实的想法、喜好和愿望；它还会让想被认可的渴望在不知不觉中变得贪得无厌、无穷无尽。

这听起来很极端，但事实就是，你自己就站在一个讨好人的队列里，一端站着的是永远都会自动地将别人的需求放在自身需求之前的人，另一端站着的是觉得反正必定让人失望了所以决定破罐子破摔的人。

着手认识讨好行为倾向之前，我们先需要探明其原因，即为什么人类如此贪恋被喜欢的感觉，而非要把讨好别人放在首位不可。原因有如下几个：

詹妮弗·古德曼的说法是，人们讨好别人的举动是害怕被抛弃、被排挤或被孤立。这有其历史演化根源，我们之后会谈到。

临床心理治疗师艾米·莫琳（Amy Morin）认为，严重的讨好行为通常伴有强烈的自尊心。也就是说，人们渴望从外部获得认可来衡量自身价值。虽然每一本有关个人成长的书都会告诫读者，自我认可很重要，但人们更倾向于获得他人的认可。我也是相当积极地通过别人的认可来寻求自我价值感的人。

遗憾的是，这样的自我价值往往被心理学家们称为“外部认可心理模型”。可以说，社交媒体上充斥着的点赞、分享和各种衡量受欢迎程度的可视化手段，让我们更加身陷外部认可的无底洞。

社交媒体毫无疑问加剧了这种情况。2016年《心理科学》杂志上的一项研究表明，青少年只靠浏览社交媒体上自己帖子的众多点赞就能增加多巴胺，令大脑的奖励中心启动。长期以来，我们根据周围人的反馈来确定自己是个什么样的人，把周围人对我们个人及行为的反应当作了解自己价值的一面镜子。帕梅拉·拉特利奇（Pamela Rutledge）博士对美国《她知道》（*She Knows*）杂志说，社交需求对于人们的身心健康至关重要，而成功地实现社会交往依靠的是你是否被认可、是否受欢迎。“被人喜欢会增强我们的自我价值感和归属感，我们不应该因为希望别人喜欢我们而感觉羞耻。这是一种常见的人类动机，也是社会规范得以建立和深化的基础。”

以此方式确认自己的价值在我们的婴儿时期就开始了。人们在襁褓中就在观察照看者的面部表情，以此评估自己是否被认可、是否被爱、是否有价值或者是否会遭到拒绝。

自孩童时期就向外部寻求认可的原因是，那时候不能自存活。孩子的幸福完全依赖于父母的疼爱和他人的不间断照顾。在成长过程中，到了该开始依靠自己来确定自我价值、需要将外部认可转为内部认可的时候，公平地说，相当多的人错过了这人生必上的一课。我那天一定是生病了没有去。

外部认可需求的背后是更深层的，生物学意义上对于生存的需求。没错，人们今天许多不爽的感觉都可以部分归咎于演化过程。这包括焦虑、负性偏向、妒忌、对别人成功的嫉妒，当然还有讨好行为。

我承认我又责怪祖先了，这是多简单方便的法门啊！但事实是，我对某些行为背后的原因研究得越深入，就越认为，生存是本源驱动力。

根据我的理解，外部认可在远古石器时代对生存有着极其重要的意义。有了周围人的认可和喜欢，才有成为社会团体（或称“部落”）的一分子的可能，才有与他人友好相处的机会。不归属于任何部落，靠单打独斗，谁也没有办法在荒野中生存多久。

部落之于个人生死攸关。原因之一是，人们需要团结在一起，有搭棚子的、有照看孩子的、有找食物找水的。人们需要以部落的方式生活以保证夜晚是安全的。大家轮班，在其他成员睡眠时保持警觉，以保证每个人都有休息的机会，都能受到照顾。为了能留在部落里，成为这个部落的一分子，也为了这个部落能正常地运转，每个人都必须在各自的岗位上与他人通力协作，这就和在今天的工作环境中大家必须协作一样。部落要我们做什么我们就得做什么。我们得答应别人的要求让别人满意，因为这让人安心，你一定记得多巴胺。那些不合作的，或太随心所欲的人，会惹怒部落里的其他成员，导致冲突和被排挤出部落。我们若工作做得不够好，也会遭到批评，在团队中的位置会受到质疑。一个人一旦被团体驱逐，则将孤独无依，处境将十分艰难，生存概率急剧下降，会经历很多恐惧，不久便会发现自己像个被大卸八块的肝脏一般血淋淋。

正因如此，讨好部落内的人十分重要，因为受人喜爱能增加生存机会。不听部落指挥敢说“不”则要冒相当大的风险。因此，我们努力把自己变得好相处，因为大脑的首要任务是维持生存，而好相处这样的秉性恰恰可以满足这一目标。

在以狩猎采集为主的年代，更是非黑即白，比起我行我素要冒丢掉性命的危险，还是选择活命要紧。讨好行为产生的不良副作用顶多是讨好者会有些愤懑的情绪，但这很值，这代表着又能度过一天。一句话，在狩猎采集年代，“我行我素”并不明智。

然而，到了今天，就讨好行为而言，曾经对我们的肉体生存构成威胁的东西已经不存在了。今天，肉体生存的威胁已被情感生存的威胁所取代。更确切地说，是情感健康。人们对认可的需求并没有消失，对遭受拒绝和鄙夷的恐惧也保留下来。而且，我们仍然是群居动物，生活里有家庭、有朋友圈、有参加的体育团队、社交媒体圈、工作团队等。在这些社交圈子里，人们仍然本能地想要讨好别人，因为我们喜欢被人喜欢，因为我们想要生存。

想要隶属于某个团体是人的天性。因此，大脑会认为，有一个合作的态度和随和的性格仍然是预防风险最可靠的方式。因此，管他是邮递员、慈善募捐人士还是自己的老板，说好听的就对了。不过还真管用！人们没了火气，对你有很好的印象，你因而得以继续留在部落里安好无损。

讨好行为的短期优势显而易见，去讨好比不去讨好容易得多。

可以避免冲突。

可以避免尴尬的交往。

可以避免让他人失望。

可以增强你的踏实感，尤其是在工作中。

因为我们更习惯于照顾眼前利益，较少放眼长远，所以大家自然而然地继续讨好别人。

眼下不这么做的话立刻会引发身心都不乐见的冲突，因为讨好行为和生存息息相关，不讨好是在违背天性，所以不讨好容易同时感受到来自内心和周围的矛盾，内心则有愧疚和紧张，周围则有他人的脸色。别人会对我们无视、排斥甚至敌视，让情感生存立刻感受到威胁。

一旦人们日常生活里没有了昔日生死攸关的压力，讨好人行为的坏处就显现出来。今天人们生存的压力已不关乎生死，拒绝别人或让别人失望都不会带来多大风险，可生存本能留下了这个后遗症。现在它已对人们不再适用，所以我们要企图并奋力改变它。

讨好行为长远的坏处更隐蔽，因为它是一点点累积下来的。我的看法是，虽然拒绝别人或关顾自己似乎让情感生存受到威胁，但一味讨好别人会渐渐危及长远的精神健康，进而危及整体的幸福感。

我们该来看看它会带来哪些主要后果，是不是？

※ 压力、抑郁、焦虑。

※ 被动反击加恼怒。

※ 丧失诚信和真实。

※ 无法应对冲突。

※ 不知道自己的喜好、品味和兴趣。

※ 被别人利用。

※ 永远需要外界的认可而缺乏对自我价值的认同。

※ 身心健康受损。

※ 忽视自我。

哎呀，真的吗？有那么严重吗？

真的。

有可能。

根据康涅狄格大学联合健康科学系教授雪莉·帕戈托（Sherry Pagoto）博士在为《今日心理学》（*Psychology Today*）撰写的关于讨好行为的文章中的说法，人们会感受到其中的一种或几种。

她说，很常见的一个后果是被动反击，对象正是那些我们一度讨好的人。人们长期只关注别人的意愿，总是在做自己不愿做的事情，就会产生不满情绪；人们也会对自己的违心行为感到失望和沮丧，甚至出现与他人相处困难的情况，难以从参与各类活动中获得快乐；因为长期把所有人的需求置于自己的需求之前，人们发现自己的情绪常出现疲劳、抑郁甚至崩溃。

帕戈托解释说，人们还会发现自己被利用了。起初，自己是很享受那种受到信任和重视的良好感觉的，但他很快会发现，原来自己成了别人剥削的对象。讨好人行为还有另一个副作用，那就是人们对自己的人生目标感到茫然，因为我们太习惯于做自认为应该做的事。这意味着我们对自我的感觉已经受损。我们与他人的相处总没有真实感，衡量自我价值仍旧依赖是否能让别人高兴，从不想尝试脱离到从外部寻求认可的惯性。

帕戈托将过度的讨好行为主要归咎于对自己的忽略。我们太看重别人而忽略自己，把自己的安康置于红灯边缘。帕戈托解释说："有心照顾别人不是一件坏事，把自己拥有的分享一点给更多的人，世界将会变得更美好。但是，这不能以牺牲自己为代价，平衡很重要。要知道，关怀自己能让自己有更多的精力和活力照顾他人。想象自己正驾驶着一辆红十字会的卡车向飓风灾区运送食物和水。这时如果急于求成，马不停蹄地一路开下去，不知道给卡车加油，最终将油耗尽抛锚，而你只能无奈地停滞在路边，到头来帮不了任何人。其实，大家应该这么想，锻炼、减压、保持健康饮食这些方法就是加油站。”

远不止如此，我们太习惯于讨好别人从而避免冲突，然后一旦置身于冲突的境地时，我们将不知道如何应对。这种情况不可避免，尤其是在职场。

总之，你会开始发现，讨好别人并不像你曾经以为的那样，是一种方便的社交手段。你还会开始意识到，自己更应该追求长远的个人情感的满足和幸福感，而不是暂时回避表达真实意愿造成的不快。可这时，你又会断然地来一句：“不行，那个我真做不到。”

你已经想好了，不打算再讨好别人，但改掉习惯性的行为方式可不那么容易。从哪儿开始好呢？你需要找到一个领域，在此你至少觉得你能在讨好他人还是取悦自己之间做选择，而不是总自动地选择前者。为此，你必须先接受我们下一个真相的洗礼，那就是：

不是所有人都喜欢你，即一人难讨百人欢。

诚然，这挺难接受。但事实是，无论你怎么努力讨好别人，怎么尽量避免有些人看低你，残酷的现实就是，总有人不喜欢你，总有人对你第一印象很差，总有人会误解你。

假如这就是个事实，那干吗不关照自己的心意呢？

这其实特别解压。因为总有人不喜欢你的所作所为，不喜欢你的言行，所以还是做你自己吧。总有人不喜欢你的着装，或者不喜欢你的声音，甚至会有一些人认为你是他们故事中的坏人。当然，希望这种人不要太多。每个人都或将在别人的故事里扮演坏人，但这并不意味着你就是坏人。

我敢保证，哪怕这本书是有史以来最了不起的著作，我仍然可以在亚马逊的海量评论里看到有人说他宁愿盯着油漆自然晾干也不愿读这本书。你永远不可能适合每个人，你永远不可能和每一个人气味相投。接受并屈从这个事实真相时，改变讨好别人的行为就容易得多了。

我这么说是因为，我的亲身经历告诉我，正是极度渴望别人喜欢自己让我愿意讨好他人。

所以这是第一步，即认识到不是每个人都喜欢你，而且你也觉得没关系。你不会因为某人不喜欢你，就产生生存危机。

那第二步是什么呢？这先要谈谈大家害怕的，因关照了自己的意愿而产生的不良反应是什么？

天是不是会塌啊？人家会不会恨我们啊？他们会一口回绝吗？会对我们大吼大叫吗？我发现，这是大家预计会发生的事。我的体会是，大家的这些看法，尤其是像我这样容易焦虑、思虑过多的人的看法，很少在现实中发生。

这对拥有讨好型人格的人来说可是个好消息。我们常常因为上述的原因生怕不讨好别人会带来不好的后果，但依我的经验，不讨好别人而关照自己的后果从来不会像我们想象的那样严重。我们想象的风险远远大于现实生活中真正的风险。

为什么会这样呢？因为我们总是高估自己在他人生活中的重要性。就是说，我们太把自己当回事了。我并不是说，你对于别人而言不重要，但是，总的来说，我们都太在意发生在自己生活里的事件对他人的影响，把太多的时间花在思考别人会如何反应上。

我们在思考别人的想法上倾注了太多心思，但其实，他们只是表现出一丝失望，顶多是把失望说出来，然后这件事就过去了。别人会回到自己的事情上，比如担心他们会给别人什么印象，或者他们在自己的圈子里过得怎么样。

换位思考一下，在别人拒绝你时，你是什么反应。当然，这要视情景和拒绝的理由而定。例如，他们拒绝的理由是遇到了糟心事，这时你肯定一点不在乎。但要是拒绝你的理由是因为他们没兴趣，你就会有一丝失望。我就有过这样的感受。那你会不会在谈话结束后还耿耿于怀呢？只要他们的拒绝里含着诚恳，你就不会。

如果有人不喜欢你，还很不礼貌，这更真实地反映了他们的人品，而不是你的人品。所以还是回到这个事实真相，那就是总有不喜欢你的人，所以你也用不着全力去讨好他们。

最好的情况是，对方能理解并尊重你的想法，跟你的关系一如既往。如果换位思考，你就知道，这是更加常见的情况。或许他们下意识里很佩服你和你的行事能力，内心暗自希望也有同样的勇气呢！这可是开辟神经通路所必需的品质啊！它可以使我们停下来去思考："这真的是我想做的事情吗？"

我们需要知道，人们很容易高估自己在别人眼里的分量，高估自己行为的影响力。我们还需要知道，因不讨好而产生的心乱往往都是自作多情、庸人自扰。我们要认识到，就算在最坏的情况下，即害怕的事情真的发生了，我们要学会放下内疚，学会习惯自己有时候让别人失望的情况。如果真让某人失望了，我们要对他当面说出来，做好失望的心理准备。这种场景会很难受，但我发现这比较罕见。只要你的拒绝有善意和体贴，及时给出了解释，别人的反应往往就是你期待的样子。

此刻我想提醒你，第二章中提到的凯利·麦戈尼格尔博士有句智慧之语：思考眼下行动的时候，在脑海里描绘未来自己的样子。记得发挥“我想要”的力量，给自己更大的构想。想清楚你真正想要什么，而不是当下做什么最轻松。难道你真想永远把自己的需求置于别人的需求之后？难道你真想牺牲自己的幸福吗？当然不。

现在我们绕回先前那个美发厅的话题。假定在去美发厅之前，我已经对讨好行为有所研究，也已经在质疑自己的讨好行为。所以，我希望做一次试探，就这一次不去讨好别人，看结果会怎么样。我是一名顾客，我不满意。这个一定是她们想了解的，因为顾客的满意度肯定是他们关心的首要问题，而且别忘了我马上就要给他们一大笔钱。

所以，当她问我：“你觉得怎么样？”

我停顿了一下，然后竭力硬气地说：“这跟我预想的不一样。”

她说了声“哦”并没有道歉。

我继续说：“不好意思，这颜色对我来说有点太紫了。”

她又“哦”了一声。但我知道她心里不同意我的看法。

当然，她可不愿意和一位不满意的顾客对阵，那可不是闹着玩的。

然后她说，要不我们再到水池那里把头发漂白，再换种颜色试试，偏赤褐色的那种？

我回答：“好的，谢谢，要是你不介意的话。”

于是，她把我的头发冲洗了一遍。

说真的，我已经记不清说过多少次“我真的很抱歉”之类的话。我用各种间接的方法让自己避免因顾及自己而面临的各种不良后果。但是，我一遍遍为自己的实话道歉的行为让我最初发表不满意言论时的勇敢差不多成了一个笑话。

我发现，我虽然有了进步，不再一碰上事就习惯性地讨好别人，而是会有短暂的犹豫，有时能优先考虑自己，可每当这时候，我就把道歉语当作救生艇，救我于不被喜欢的恐惧中。

这是另一种障碍。

这说明我仍然把讨人喜欢放在首位，坚信如果不迎合别人，就招人讨厌。道歉的姿态并不能保证结果如我所愿，而只会贬低自己和自己的价值观。比如想让同事帮忙找份东西时，在邮件里说声“对不起”“不好意思”等等。

我怎么就非得先说对不起然后才能表达不开心的真实意见呢？我没有做错事，我怎么就非说“抱歉”两个字，直接给一个没有按时支付我发票的客户发一封催付的电子邮件呢？这明明是他欠我的，我也需要支付账单的啊。如果有人要道歉的话，不应该是那个晚了6个月还不付我钱的人吗？不应该是那个把我的头发做成那么夸张的爆炸头的女孩吗？

人际交往一旦充斥着道歉，人们便慢慢地认为自己妨碍了别人，自己是个讨厌鬼、是打扰者、是个次要的人；就会相信，顾及自己是不对的，必须道歉；就会认为，在取悦问题上，自己没有资格优先于别人。

可以预见，这无助于提升我们的自尊，如果只对别人表现关怀，却绝不对自己表现出任何关怀，大家现在已经知道，这将会增加自己的压力。

对我来说，道歉行为是好女孩的默认特征，能让自己更心安地做心想之事。“很抱歉打扰你了……”是很常见的一句道歉用语，还有一个词是电子邮件通信中常使用的“只是”。

“我给你发这封邮件，只是看看你有没有收到我的发票。”

“我只是想知道你是否有空。”

虽然这个词看似很无辜，但这样使用就带有歉意，而这歉意毫无必要。仔细想想看，“只是”一词是不是有取悦对方的意味在里面，至少有抚慰对方的意思，同时让自己显得恭敬。就好像只有以道歉或辩白开场，后面的话才更能让对方理解。

这类似于邮件里写“很抱歉，但是……”，这立刻把你放在了对对方低声下气的屈从位置上，把自己和自己的需求搁置在一边。

我发现我在几年前经常这样做，后来我决定非必要绝不用“只是”。例如，我会写“我想你有空”或者“你怎么安排的”，而不写“我只是看看你是否有空”。

如果你打算遏制自己讨好别人的行为，正在寻找合适的出发点，我建议选择电子邮件。因为这时你有时间思考和整理想法，有空间裁剪语言，交流中既不会自动把自己置于最后，又可以在这个过程中保持不失礼貌和友好的态度。

大多数人都愿意向别人示好，表达友善，可这不见得是讨好别人。示好是大家应该做的，因为它让世界变得更美好，但它和讨好有很大的区别。学会拒绝、学会忠于内心、学会关照自己的心愿的同时照样可以友善、礼貌、不伤害他人。改变讨好人的习惯并不是说突然变得粗鲁、冷淡、不顾及他人或者说自私。它们之间根本不能画等号。学会说“不”仅仅说明，你开始同等对待自己了，你开始重视自己及自己的需求了，你开始重视辨别哪些有益、哪些无益了。

如何照顾自己的心愿

好了，现在是时候实践一下了。就从说“不”开始吧。

1. 创建临时缓冲区

首先，在别人向你提出要求或提供机会时，先别忙着答应。给自己一个缓冲时间确保你不会一时心软就回答“是”。可以说些“听起来不错，我回头再联系你”或者“我手头有很多事，我需要先看看有没有完成”之类的话。

即使你当时就笃定自己会拒绝，有这个缓冲区也会让你轻松一些。因为你有机会琢磨如何有技巧地回答，也可以在感觉到面对面拒绝有难度时，有机会选择通过电子邮件或短信拒绝。

2. 不要道歉，但一定说谢谢

显然，不应该指望通过道歉来让自己心理更轻松。你没有什么可道歉的，说对不起只会对自己不利。

有时候，我们说“对不起”不是因为感到抱歉，而是因为说“对不起”会显得我们很友善。其实说“谢谢”能起到同样的效果。所以，我总是用“谢谢”来表达拒绝。比如“谢谢你想着我，但我手头的事太多了”。

你也不必总是实话实说。比如说，真实情况是你不愿被人摆弄，但这样表达别人可能不太能接受。所以可以选择更柔和的语言，比如“这不合适”“非常感谢你的邀请，但这次我还是不参加了”。

直言不讳应该留给亲密的朋友，她们不会介意你的直白表达。最近，我有个好朋友问我，是否想让她把我加到她正在建立的WhatsApp[①]新群里。这是一个每天分享灵感和正念目标的群。我回答说："我爱你，但我想说不，我现在不需要更多数字媒体的干扰。"如果几个好朋友们要聚会，可最后一刻，我发现自己坐在家里沙发上不愿动弹，我会说："姑娘们，我太累了，我需要晚上在家充电。如果可以的话，能下周再和你们叙旧吗？"提供其他建议也很有用。

3. 善始善终

有时，我们在该不该拒绝、怎么拒绝上花费了太多的时间做思想斗争，我认为这是间接的不礼貌和不体谅。

你最好尽快关闭自己开的口子，忍受对方表现出的失望之后，让双方尽早各走各路。如果你心里很清楚自己不想加入旅行团，你要避免在最后一分钟才告知你的决定，模棱两可才真的会导致你最害怕的结果。

我认为大多数人都喜欢及早地掌握情况。最令人失望的就是，你明明感觉到他们会选择不参加（这里可以是各种事情），但他们非得到最后一分钟才告诉你。

说"不"的时候，先给自己一段缓冲时间，以免说错话。但接下来要及时回复，撕掉创可贴，最难的部分就完成了。

4. 专注于解决问题

在理发店里，我本可以说："我知道你真的很努力了，但这不是我想要的，有什么补救办法能让它更接近我想要的那种效果吗？"而不是一遍又一遍地道歉自掘坟墓，或者说："现在它就要干了，我觉得出

---

① WhatsApp（WhatsApp Messenger的简称）是一款用于智能手机之间通讯的应用程序。——译者注

来的效果对我来说颜色太深了，还有什么补救办法吗？”我不必说“我太讨厌这个颜色了，这不是我想要的效果”。我作为客户可以发表不满，同时保持和颜悦色的态度，表现出对女孩的劳动完全尊重的样子。通过商量补救的办法，我给人的印象是着力解决问题，而不是只会恼火愤怒。

在餐馆里，我如果对食物不满意，绝不会不投诉就付账。这时我会说：“谢谢你跑过来，这道菜有一点点冷了，可以加热一下吗？”而不用说：“对不起，只是这道菜有点太凉了，实在抱歉！”前者更加有效也更公平，同时态度仍然是友善的。

提防“只是”这个词，如果不是特别需要的话，就把它删掉。我保证它足以改变你。

如果我在追踪一位客户逾期未支付的发票，我会有意识地不说：“嗨，你好，我只是想查看支付款能否快一点处理？”“抱歉打扰你了，但我只想知道这能不能尽早完成？”而是说：“你好，我想跟踪一下那张发票。我这边还需要做些什么帮你处理这笔款项吗？非常感谢，祝你愉快。”看出区别了吗？如果我以前者开场，我基本上是把自己当成一个讨厌的人，一个会打扰别人一天工作的家伙。而实际上，我是那个已经完成工作却未收到报酬的人。

我有很多讨好人的故事，但前阵子有一个很特别的值得分享。一位我不算太熟的时装设计师找到我，对我说，如果我有什么活动要参加，他们很乐意为我设计一套衣服。

我推辞说，我非常感激。但我不认为我有他们想象的社会地位能与他们的工作联系起来。可他们坚持说，他们真的很想为我做衣服，这是他们的荣幸。所以，我同意了！

他们问我喜欢什么款式。因为我不需要付设计费，所以我告诉他们，请他们自便设计他们认为适合我的任何款式。毕竟他们付出辛苦，我不该多提要求！我也想象不出，假设做出来的衣服我不满意的话，我会说出来，因为他们那么善良慷慨。

后来他们来了我家给我量尺寸，之前都是通过电子邮件进行的，离开的时候他们说："面料要300欧元，可以吗？我们自己一点都不赚，这是成本价。"

我说："当然可以，没问题！"

然后，我关上了门。这时我意识到一个问题，我根本不需要这套衣服。我没有多余的300欧元去购买不必要的东西，我甚至没有什么场合可以穿它。但我一直没提反对意见，因为我想表现得友好些，而现在我发现自己需要面对一张300欧元的账单。

我怎样才能退出呢？我可是已经说了"没问题"。

容我为自己做一番辩解，我被置于一个不公平的境地。他们把费用扔给我承担，却没有从一开始就告诉我要承担一定的费用。如果他们早跟我说，我需要支付300欧元，我就会告诉他们，我很感激他们想到我，但我即将去旅行，需要攒下每一分钱。

而且，他们亲口说出来，并提醒我，他们自己在这次交易中不会赚到钱，这让我感到内疚。当然，我不想占人便宜，让人家免费为我做事。但我试过拒绝，可他们坚持要做，所以我觉得拒绝是不礼貌的。

让我感到惭愧的是，出于恐惧和不安，过了很长一段时间，我才向他们提出这个问题，原因想必你们都懂。我本该当时就说："哦，我很抱歉（在这种情况下道歉是合适的），我应该和您再三确认一下成本的问题。我自然不希望你花自己的钱给我做衣服，但不巧，我现在没能力支付这笔钱。你能来找我，我真的很感激，我也很乐意以后和你合作，但现在最好还是等等吧。”

当然，那会很尴尬，但对双方都好。可我当时没说，这也罢了，我应该在当天晚些时候发一条信息:“你好，非常感谢你抽出时间来我家里。你离开的时候提到了300欧元的材料费，这出乎我的意料。真的很抱歉，但我现在没有那笔钱，我也不希望这笔钱由你们出，所以我们应该先停一停，等我有需要出席的活动和预算时再说，行吗？”

可这两件事我都没做。现在已经过去太久了，毫无疑问，他们因为我不作声而对我印象很差，是我活该。我竭尽所能要避免让人失望，却未能及时善终。这件事的后果是，他们很生气被一直这么“吊着”，而我自己也感到愚蠢和难堪。

在这件事上，事先拒绝会让我省去很多社交麻烦。虽然这不是我推荐的处理问题的方式，但它确实给了我一个宝贵的教训，让我想起了这一章讨论的中心，那就是，有时无论你怎么努力避免它，你都会搞砸。你会让人失望，尽管你是好心，但不是每个人都会喜欢你。

别人顾及自身时，你如何反应

本章结束之际，我想说说“做自己”这个说法。

对许多人来说，这已成了一句口头禅。可我们发现，这说起来容易做起来难。问题是，只要对自己没有影响，我们大家都支持别人去“做自己”。我的意思是，我们可以接受别人做他们自己，前提是，他们那个自己也符合我们的意愿。

的确如此，我有亲身经历。有个朋友拒绝我时，我很失望。其实他是在做自己，可我把那当自私。我记得有一次和一位朋友谈到相约去纽约旅行的可能性。她听起来对这个主意很赞赏，我呢，正好也有工作上的事要去纽约，所以那天我回家后做了一件我认为很好的事——我为她订了机票和我一起去，然后我告诉了她。但她没有像我希望的那样兴奋地尖叫，而是似乎很不爽，并说“她得看看有没有空”。不用说，我万分沮丧，当时都哭了，心想她怎么能这样对我呢？然后我有一段时间没有理她。作为一个31岁的人，那是我很不开心的时刻。

但过了几天，当我又向她说起这件事时，我已能从她的角度来看这个问题。也许我的举动只是自以为是的善举，但根本都是我太自私。因为是我想让她跟我一起去，从而符合我的意愿。我没有想到去征询她的意见，没有想到去问问她，看她是否愿意同行。她没对我说过这些话，这是我自己得出的结论。

她是那种喜欢有掌控感的人，讨厌惊喜，喜欢在做出承诺前权衡利弊的人。而我为了自己的想法忽略了这些。而且，公正地说，当时我们谈的只是一种设想，谁不想去纽约旅行呢？

在她不知道的情况下，我硬是把她架在了那个位置上。因为她知道我的意图是好的，不想让我失望，所以这让她倍感压力。经济压力也是一方面，因为她有一段时间没有工作了，她也是自由职业者，所以在支出上小心翼翼。我给她发短信的时候，她正和男朋友在外面吃饭。我以为我的举动很让人感动，实际上却毁了她的夜晚。因为我，她遭遇到了本可避免的麻烦。当时她也一直在努力改变自己讨好别人的行为和边界感，所以她勇敢地回应说，她不确定能否成行，并解释了以上原因。一切都很合理，语言也很友善。可我的反应印证了她的担心，我不仅失望，还把她想得很糟，我感到很受伤，因为我当时只从自己的角度思考问题。

你瞧，说到讨好行为，你自己想改变没问题。但同样重要的是，想想当自己成了被拒绝的人时会有什么样的感受。

我们不仅要心平气和地接受自己某些时候会让别人失望的现实，还要心平气和地接受，在另外一些时候，我们是对别人感到失望的人。此时我们需要停下来，审视一下自己内心的反应。假如我们把别人的拒绝当成自私，那就要反思我们自己。别人的拒绝和你希望自己勇敢地说出"不"字是一样的。他们说"不"并不是出于恶意，他们绝不想让你失望或伤害你，绝对不是。他们只是想保护自己免于遭受讨好行为造成的压力。

我们每个人都在努力地坚持做正确的事，虽然匀一些精力给自己，关注自己的行动和行为很好，但是我认为，允许别人按照他们自己的意愿行事也相当重要。

思考时刻

本章旨在让大家关注习惯性讨好行为及其可能产生的负面影响，同时提供一些实用的方法来扭转这种行为。

然而，虽然本章重点讲述开头所说的“讨好癖”，但这并不是说讨好别人就是一件坏事；不是说人们就应该从现在开始，只按自己的意愿行事，只做自己，不管别人。它其实是一件非常善良的事情，它表明你有同情心，愿意照顾他人的感受，这绝对是无私的行为。所以有时候，讨好别人是没有问题的，这些都不是坏品质。你只需要小心这种行为的真正来源，以及它何时会对你产生不利。

要判断某个讨好行为是好是坏，你需要尽可能多地面对自己的内心。想想看，你为什么要答应这个人。是为了获得认可赞同呢，还是纯粹地想为别人做点好事？我发现，有一个非常有用的方法，那就是，经常思考自己的讨好行为来自哪里。是来自内心充盈，即不管你是否去讨好，自我价值感都良好，知道自己是一个善良体面的人；还是源于匮乏，不得不通过讨好别人换取自我感觉良好，换取感觉自己有价值、被接受和被认可？

第七章

真相 7

别人的成功不会抢走你的成功

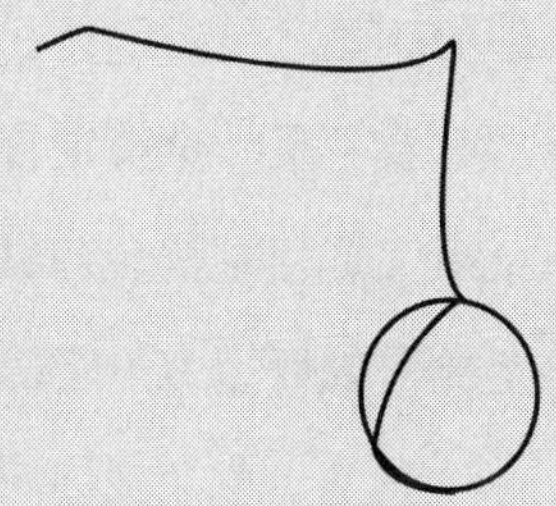

请牢记我的这句话：我们很多人内心都住着个批评的声音，它不时地发出对自己的质疑，总觉得自己德不配位。可一旦某天你能将这个声音压低，能说服它相信你不是一无是处，那么，这将是你一生中最了不起的成就之一。

我不是一个特别喜欢以目标为导向的人，这一点等你读到最后第十个事实真相时就会知道。可话虽如此，这第七个事实真相的确是大家一定要当成目标力争坚信的。

我是一个会被你叫作过度分享的人，嘴巴不把门，什么都爱说。我曾经跟包括我母亲和几个长辈在内的一群人提起，我母亲曾打电话向我求证，之前和前男友在一起时，是不是性生活被动，高潮不多。我敢肯定，这让我那70多岁的叔叔惊得等同于遭遇了一次龙卷风，而我母亲的脸也变成了猪肝色。你妈妈的性生活质量比你好？真简直了！我对此确实心有不安，可就算我再怎么惶惶不安，也不愿意站在屋顶上大声把它喊出来。我会担心影响，谁都一眼就能看出来，这不是个讨喜的适合分享焦虑的话题。

别人的成功令自己心中不快，这要是明说出来不等于公开说，你不希望看到别人成功吗？这不等于说，有好事发生在别人身上时你不高兴吗？或者更糟糕，这等于是说，你是那种需要把别人拽下来才自我感觉良好的人。你自私、幼稚、好嫉妒甚至卑鄙？可以说，应该没有人想成为那种人。

先澄清一点。第一，各种不安全感在本质上都源于自私，因为它们涉及私欲。这就是人们不愿意把他们的不安全感说给外人听的原因。第二，你会说，把它们说成幼稚也说得过去，因为大脑负责威胁感的区域——杏仁核——表现得就像个孩子。没错，你的确心中正翻腾着羡慕嫉妒恨，但这是一种完全正常的人类情感。只要你辨识出这个情绪并加以处置，清楚问题的根源在自己而不是别人，就不至于变得丑陋。这是你可以成功管控并学着彻底改变的东西。只有当你采取行动时，它才会变得卑鄙。

社会比较

如果你很在意周围人的成功，甚至心中愤愤不平，并以此为耻，那你尽可放心，虽然大家羞于言明，这却是一种极其常见的不良情绪。只不过没有人愿意承认自己犯红眼病，所以我们对此鲜有耳闻，总认为，自己是唯一有此想法的人。真这么想的话，那我们成什么人了？

这乍听起来很龌龊，可当你一层层剥开其外皮，你会发现，这不见得意味着你希望别人生病或者遭遇不幸，也不见得是你接受不了别人成功，你并不恶毒。我的意思是你的确恶毒，但我打算让你起些怀疑，对此不那么确信，这对你有好处。怕别人成功更意味着，你内心的不安是把别人的成就当作了一面镜子用以反观自己，这就是社会比较。大家都会进行社会比较，都曾比较过。这真够讨厌的。

社会比较是我长期喜欢研究的课题，为此我写过不少文章。这个现象似乎很常见，其影响都是负面的。社会比较的确是个需要努力控制的行为。

有了社会比较，衡量自己的成功甚至自我价值是以别人的成功为参照的。当把自己和与自己水平差不多的人摆在一起进行比较时（比如同事、朋友或某个其成就在你看来和自己差不多的人），其产物之一就是妒忌或嫉妒。

水平不在同一档次的人之间不会陷入社会比较。例如，我哥哥是个成功的金融天才，但我不嫉妒，因为那和我没关系，他的那套我没有兴趣。事实上，让我当场做一个总结，我肯定会发疯的。只有当抱负相似、年龄相仿的人做成了我想尝试或曾尝试过的事情，我才会嫉妒。

有了社会比较，一个人内心在背地里对自己的评价会与周围与自己社会地位相近的同龄人的成功有落差。当然，这可以是专业领域，也可以是社会领域，要看你怎么去定义。

在社会比较中，你如何在私下、在你自己的头脑中和在幕后看待自己，与你看待你的同龄人或你同事的成功程度不一致。当然，这是职业上的成功，社会上的成功——无论你选择如何定义它。

妒忌和嫉妒有区别吗

有区别。虽然我们言谈中常混用“妒忌”和“嫉妒”来描述本章所记述的那种不太好的感觉，但准确地讲，它们是有区别的。

嫉妒通常被定义为渴望得到别人拥有的东西的情绪。就是说，嫉妒者缺少别人享有的某种他渴求的属性。

妒忌是笼罩于恐惧担忧之下的一种情绪，这种情绪是因为害怕自己拥有的东西会被剥夺而产生的。

我们以男女感情当中最常见的妒忌和嫉妒为例。你痴恋某人，但他正和别人热恋，这时你感受到的情绪即是嫉妒，因为你想得到别人所拥有的。

但假如你是恋爱中的一方，有第三者勾引你的伴侣，这时你感受到的则是妒忌。当然，你可以同时感受到这两种情绪。你妒忌有人在和你的伴侣调情，担心你会失去他，但你也有嫉妒情绪，因为和你伴侣调情的人拥有你觉得自己缺乏的属性，比如你认为她长得比你好看。

同理，当涉及社会比较和担心别人的成功会夺走你的成功时，他们都在起作用。你渴望他们所拥有的，你会因为他们的成功而感到自卑，这是嫉妒的标志，但是你也害怕你成功的机会会受到限制或者剥夺，我们现在将之理解为妒忌。

如果你想搞清自己的情绪是哪一种——虽然两个都不怎么好——你需要放入更大的背景下观察。

两类嫉妒

在被动社会比较中，不良情绪常为嫉妒，所以我们先谈谈嫉妒。

根据《妒忌治愈术》（*The Jealousy Cure*）一书的作者罗伯特·莱希博士的说法，大家在社会比较中产生的负面的嫉妒情绪表现为两种类型，他称其为“抑郁型嫉妒”和“敌对型嫉妒”。我们有时候感受到其中的一种，有时候会同时体验这两种。

我们来看看你能否辨认出自己身上的是哪一种。

抑郁型嫉妒是总拿别人的成功反观自己的一种嫉妒。例如，同龄人优秀，你觉得自己赶不上。你感到自卑，感到沮丧，觉得自己一无是处。耳熟吗?

敌对型嫉妒是指别人的成功会令你感到不爽、不服气的那种嫉妒。虽然，客观地说，这仅仅表明了你自己有不安全感，可一旦心里有了敌对型嫉妒，你的看法便会失之偏颇。你将会带上一对主观且缺乏安全感的滤镜，觉得人家不配拥有这种成功。你觉得人家只是“走运了”，或者会找些其他理由，在内心把他们的成功最小化，以免自己感到自卑，更有甚者还想享有优越感。无论你感受到的是哪一种嫉妒，它们对你都没什么好处，都会消耗你的精神。这两类嫉妒助长一种不惜自伤以取胜的风气，会让你和对方两败俱伤。

虽然引发你的社会比较行为以及随后的嫉妒情绪是因为对方有着和你类似的背景，但实际上这与对方极其成功没有半点关系。你去照片墙上浏览几分钟并观察自己的想法，你就会十分清楚，因为你会发现自己在和无数人做比较。虽然我自己也活跃在社交媒体上，但我确实认为，社交媒体把社会比较的体验放大了N倍。

有关系的是，你是如何看待别人的成功对你的影响；你是如何解读别人的成功；别人的成功是如何反衬你的；你当前的处境是什么。这些都是我的体会。而无论你的回答是什么，它们都会走样，完全靠不住。

认识梅莉黛（Meredith）

我内心住着一个社会比较的魔鬼。它有时候会冒头，在敌对型和抑郁型两种嫉妒情绪之间游走。老实说，自成年后，它多次抬头，我该给它取个名字，干脆就管它叫梅莉黛吧。显然，这个名字取自林赛·罗韩主演的电影《天生一对》（*The Parent Trap*）中她的主要对手梅莉黛·布莱克。

梅莉黛一来，我就抓起电话，把她的怨言转达给我的朋友乔。乔是我可以把自己最丑陋的那面展示给她看的那种朋友，我觉得大家的生活中都应该有这么一个人。举个例子，我能跟她说："你说我是不是一个坏人，网上有个关于某人的帖子，我看了之后对自己很生气，觉得自己好差！"

仅只是写下这些文字我都觉得羞愧。但我想让你知道，我有过一次类似膝跳反射般的下意识的嫉妒情绪，令我很痛苦。当时有个相识的人在社交媒体上发帖说，有本关于焦虑的书"改变了她的生活"，人人都该读读。我不爽的是，她说的这本书不是我写的那本。你们知道，我写的第一本书《掌控焦虑》就是关于焦虑的，从某种角度说有一点对我不利，就是我把它看作自己第一个孩子。

乔比我更了解梅莉黛，所以直接开始做我的工作，企图帮我将她控制起来，以免她对我造成太大的伤害。乔说：“你不是坏人，这种感觉不能说明你是个可怕的人。首先，人人心中都有个梅莉黛，只不过多数人都把她藏在心里，而你把她说了出来。其次，你觉得你对那个人和他的书有恶意，但实际上你是对自己不满，这当然也不好。看到别人成功，你心里不满，但你的不满不是针对他们的，而是针对你自己的。”

嗯，的确有道理。但为什么说看到别人的成功会对自己不满呢？当我花时间继续揭开这个丑陋的，却是自动反应的真相时，我承认，是的，我确实感到了威胁和不安，我既有妒忌，也有嫉妒。因为感受到了威胁，我希望这个人的书不畅销，这是自我防卫的一种反应。要是有人跟我说，这本书满篇废话，叫我不必担心，说实话，我的感觉会好很多（把这些话打出来我觉得自己真是个混蛋）。

不过，乔是对的，我心中的不痛快与那本书无关，也与其作者无关，换一个人换一本书都一样。它对我产生影响，是因为我的观念里认为，在这个特定领域里，成功是有限的。如果这本书大获成功，那就意味着我写的书会栽跟头（妒忌），意味着我觊觎他们那样的成功（嫉妒）。我觉得，有关焦虑的书出版空间就这么大，世界上就只这么一个馅饼，大家都在为自己的那块争抢叫嚣；我觉得别人成功就意味着会夺走我的成功，将我甩到后面，令我写的书失去畅销的机会；我甚至觉得，如果他的这本书好，相较而言，就说明我的书差。这些东西写在纸上似乎特别可笑，但这就是我真实的感受。这是一种鸡尾酒式的、混杂的社会比较情绪，其中有妒忌，有嫉妒，还掺杂着少许冒名顶替综合征。

除此之外，我还不得不承认，尽管近几年我尽了最大的努力，但我还是渐渐患上了一个“老毛病”，那就是把自我的价值和自我感觉良好与否和外部因素相关联。比如我的心情总和职业成功相关，经常随之波动，一点控制不了。

在第六章，我们谈到过外部验证心理模型，以及我们很多人是如何在不知不觉中依赖它来衡量自我价值的。想要得到你关心的人对你的认可，这没错，因为这对你很重要。重视自己的职业奋斗也应该，但说到自我价值，这些不应该是决定性因素。我们需要时不时地提醒自己从内部因素中获得自我价值感，这才是可控的因素。

自我价值有一套更好的衡量指标，它们包括：

※ 我们是怎么待人接物的。

※ 对自己有没有尊重。

※ 是否践行着自己的核心价值观。

※ 对工作有没有全力以赴。

※ 是否对生活满意。

※ 人际关系的质量如何。

在这本书所揭示的所有事实真相中，这一个，即别人的成功并不会影响自己的成功，是迄今为止我发现的最难接受的一个。再说一遍，此处先暂停以达戏剧效果…… 别人的成功拿不走你的成功。

听起来很简单，对吧？甚至很显而易见。当然了，如果你是一个适应力强，一切行为方式都正常的人，这是显而易见的。但是我的确很少见到过这样的人。原因是，虽然我写了这些话，理性上我承认这个道理，可真正相信它，或者更具体地说，让我内心抵触的声音相信它并不容易。为什么？答案是：我有一种零和博弈心态。

零和博弈心态

我每每反思负面情绪和行为时，都能追溯到它们身后的一样东西，那往往是某个观念。我之所以有这么多不光彩的情绪和于人于己都无益的想法，就是因为我把这个世界看作了一场零和博弈。换句话说：如果别人赢了，我就输了。那么大家也是如此吗？

如果一个人认定某人赢了或取得成功就意味着自己输了，那么妒忌也好，嫉妒也罢，所有这些恶劣的因社会比较产生的副作用肯定会凸显出来。但我再说一遍，用不着心情沮丧，这是正常反应，不小心就会产生。莱希博士进一步解释说，当我们抱着零和博弈的心态生活时，我们会因为比不上别人而心情难过。

通常情况下，这是像我们小时候玩游戏时所经历的一种心态，如果我们意识不到，它绝对会影响到我们的成年生活。莱希解释说，就像操场上的孩子一样，如果我们（你以及与你比较的人）都输了（无论你对输或失败的看法如何），我们通常会感觉更好，而不是一方输而另一方赢。

1. 为什么会有零和博弈的观念呢？

没错，我又要拿进化说事了，因为这是又一件可以追溯到远古时代的事。

我对零和博弈心态思考得越深入，就越觉得它与人们对物质匮乏的恐惧相关。人们害怕机会有限，所以恐惧之下，人们有强烈的动机追求各类事物，其本质就是去战胜别人。这在狩猎采集时代是很有用的，那时获得赖以生存的食物和住所的机会非常稀少，斗争很残酷，需要果断抓住每一个出现在面前的机会，否则生存都会成问题。

这也可以解释为什么我们一开始就有很强的竞争意识。因为别人的成功意味着自己的不幸，反之亦然。对物质匮乏的恐惧在当时是很正常的，历史上的饥荒或战争时期都有这种情况。今天，这早已不是一个大问题，但是，当涉及职场或情场的成功时，我们大脑的原始区域仍然会做出相应的反应，这是大脑唯一真正关心的事情。这时，嫉妒会蹦出来，人们意识不到或者不把它看作恐惧，但在潜意识里，它在起着作用。这一切要归咎于进化。

人们本能地将对稀缺的恐惧与“适者生存”的逻辑应用于现代场景。大家都想获得别人拥有的东西，因为那是生存所必需的资源，不是可有可无的锦上添花。

2. 有没有解决办法呢?

对于社会比较产生的痛苦，找到解决办法一直是行为心理学探索的话题。但到目前为止，还没有什么真正的好办法。大家要么告诉自己这只能独自承受，要么停止浏览社交媒体上的信息推送。还好，我们现在有拼趣（Pinterest）社交平台用以分享心路历程，不再浏览社交媒体信息真不容易做到。

当然，我们可以通过限制自己使用社交媒体以移除社会比较的诱惑。我必须说，照片墙上的静音按钮对我来说很有用，眼不见心不烦嘛。但这些技术只是暂时掩盖了你的社会比较倾向，并没有着力从根本上阻止它，所以我们需要更深入地寻找。

我最推崇的是纵向比较。纵向比较是社会比较的一个很好的替代方法，也是我在以前的书中深入探讨过的。纵向比较指的是，我们把与他人的比较换成与自己的比较。我们拿今天的自己和过去的自己或者我们想象中未来的自己做比较。这种比较方法只针对与自己相关的事物和环境。自己是衡量的标尺，当涉及其他人时，你会蒙上双眼。你只锁定你的现在、过去和未来。你把注意力只放在自己可控的事物上，即自身的进步，这是和任何人都没有关系的东西。

然而我后来意识到一个问题，那就是，要想让纵向比较真正起作用而不只停留在这么一个想法上，我们首先必须自问，我们为什么一直在比较。我要说，这必须从个人感受、行为和观念去寻找，通过辨识自己是否戴着零和博弈的滤镜看世界，有意识地破除这种有百害而无一利的观念。这很关键，因为在我看来，零和博弈心态是不健康社会比较的核心。

只有这样，人们才能真正接受并相信这样一个事实：别人的成功不会抢走我们的成功。

如何挑战零和博弈心态

至此，大家已经明白了为什么说零和博弈心态是个大问题。这太好了，这说明我们的目标不是虚无缥缈的，而是看得见摸得着，这就能让积极的变化更容易发生，从而让生活更轻松。

为了不再生活在这种导致内耗的零和博弈心态下，我第一个求助的是一位可靠的老朋友——认知行为疗法（CBT）。在改变生活状态的真相（第二章）中我们说过，发生改变非常不易，必须花时间并持之以恒才行，因为零和博弈的观念太根深蒂固了。CBT会协助你认识你的世界观背后的想法、情绪和行为。记日记特别有用，利用日记可以找出惯性的想法及这些想法所触发的情绪。

例如，前述的那个想法是："那个人找了份极好的新工作，和她比起来我太失败了。"这个想法触发的情绪是悲伤、焦虑、愤怒、妒忌、嫉妒、因嫉妒别人而生的羞愧以及气馁。而这些想法和情绪引发的行为是，放弃正在为之努力的目标，不再奋斗，因为和那个人相比，努力似乎是徒劳的。

另一个引发的行为是说他的坏话。下一次当你觉得某人的成功会夺走你的机会的时候，在日记里问问自己，你心中的想法和情绪是什么。这不见得是多么强烈足以摧毁一天心情的情绪，只是在浏览社交媒体时产生的小牢骚和小抱怨，然后问问自己会有什么行动，请不要做任何评判，只需私下把这些记录下来。你不需要像我一样把它们印成书让全世界都看到，你只需观察你在想什么和这想法催动了什么。就从这里开始，这应该不难。

这一步完成后，就是改变策略、推倒重来的时候了。这个说法是负责我书稿的编辑创造的，它针对的是我没完没了的自我怀疑，所以我觉得这个表达特别有力。

这就像电影《天生一对》上双胞胎姐妹报复梅莉黛，把她的行李包放在空气床垫上扔进湖中那段。梅莉黛真可谓20世纪90年代的终极反派，这场复仇绝对让她罪有应得。如果你没有看过这部电影，你真该去看看。别担心，我就是推荐一下。在日记里问自己，这些想法准确吗？它们有没有现实基础？在日记里一定要准确地记录想法，失真肯定对你没有任何好处，不管你信不信。

写下一个更慎重、更合理的替代想法，要基于事实而非观点。例如："这个人找到一份令人羡慕的新工作，这没有改变我的目标，没有改变我在做的工作。”非有即无的思维已经是长期养成的习惯，仍然会不断地冒出，但你不必去理会，完全可以把它当耳旁风。

记住，这是你的观念向你灌输的说法，不一定是真相。最终，通过做这个练习，你要努力推倒你现有的观念，即认为别人的成功会夺走你的成功的观念，取而代之的是，别人的成功不会夺走你的成功。

以下是认知行为疗法挑战零和博弈观念的练习实例。

事件	**发生了什么？** 举例：“我看到某人在照片墙发帖说，他得到了梦想的工作。”
惯性的想法	**看到此信息时心里的想法是什么？** 举例：“我永远都不会有一份梦想中的工作？” “我没什么好消息可以发帖。” “成功那么有限，都让她一个人占了。”
触发的情绪	**这些想法让你心情如何？** 举例：“沮丧、气馁、自我批评、难过、嫉妒、不服……”
行为	**你采取什么行动了吗？你做了什么？** 举例：“我尽力想一些自己和他一样好或者比他更好的地方。” “我不去想这件事，这样我的感觉就好些。” “我没办法专注于自己的工作，什么事都做不下去。”
心理斗争	**审视事实。这些想法是基于事实还仅仅是你自己的观点？** 举例：“我真的想得到他那份工作吗？” “这个人的成功和我能否成功有关吗？” “若不是社会比较，那会对我有影响吗？”
更理性的想法	**有没有更有用的想法呢？那会是什么？** 举例：“我可以为他高兴。” “这和我无关。” “我要专心做自己的事，把人家的成功化作向前的动力。”

为什么说别人的成功不会抢走你的成功

的确，人生总有面临和别人竞争升职的时刻。如果别人得到了，你会觉得，自己很不成功，原因是他们成功了。但是，即使在这种情形下，尽管感觉不能再糟，那也不是真的。如果退后一步，从整体上看自己的职业生涯的话，你失去了一个机会，不等于断绝所有其他的机会。某个同事今天的晋升并不意味着你不会在不久的将来找到一份同样好或者更适合你的工作。

如果你能客观地看待事物，你很难找到别人的成功会夺走你的成功的证据，除非你与某人是竞争对抗的关系。

朋友比你有钱，可他不会拿走你的钱，不会影响你赚钱的潜力。

再说说在畅销书排行榜上名列第一的那本书。它现在排第一不代表永远排第一，它也不可能挡住读者喜欢你的书，而且这也不代表你的书就做不好。

别人拥有成千上万的“粉丝”不妨碍你打造自己的“粉丝”群，除非你特别看重“粉丝”数量。

当你后退一步，你将对事物有一个更好的视角。这个方法我喜欢称其为直升机方法。这时你会发现，生活中没有几桩事情在资源上是有限的，另一个人的成功完全与你无关。你所谓的成功是稀缺资源，是你自己想象出来的，完全出自你的不安全感。

健康的嫉妒情绪

有一个做法很有用，那就是每天在心里有意识地想一想这个事实真相，即别人的成功抢不走你的成功。每天做这个练习，再配合定期的纵向比较和认知行为疗法，肯定能防止你的情绪升级。但现实中我们不能期望自己永远都不会产生嫉妒或妒忌的情绪，否则越压迫越反弹。这就像强逼着自己永远不要有焦虑或压力，却会适得其反，到时必然会感到焦虑和压力一样。因此，我们有时需要把嫉妒看作人类的自然情感，接受它，利用它。

如果你是我的忠实读者，你就知道，我的目的不是治疗，也不是教大家怎么不让问题发生，而是转化问题并加以利用。我们已经讨论过罗伯特·L.莱希博士定义的两种嫉妒，即抑郁型嫉妒和敌意型嫉妒，但是还有第三种嫉妒。这是一种有用的嫉妒，即良性嫉妒。

抑郁型嫉妒和敌对型嫉妒不是适应性嫉妒，它们具有伤害性，让人心情不好。但是良性嫉妒是适应性嫉妒，即允许情绪存在，只是不让它对人产生负面影响。良性嫉妒的表现是，承认别人的成功，心中佩服，而且让其激励自己。就是说，我们对别人的成功依然向往，但不会用以痛打自己，而是借此鼓舞自己。

人们总是会自然而然地关注成功人士，特别是和自己同领域的成功人士。但怀着良性的嫉妒，我们可以选择学习人家，培养大众心理学中常说的“成长心态”。

你的心态是成长型的还是固定型的

成长型心态一词是斯坦福大学的卡罗尔·德韦克（Carol Dweck）教授定义的。它指的是一个人相信自己总是在不断地成长、学习和进步的心态；指一个人有时会后退两步，但之后会前进一步的心态；指一个人努力向前，在面对挫折时仍然坚持的心态。相反，固定型心态指的是，一个人相信人们在出生和成长时期拥有一套固定的技能和能力，这些技能和能力将决定他们能走多远，以及能享受的成功水平。有了固定型心态，人们一碰壁就陷入困境。这样的心态不理想，但绝对可以改变。大家可以使用改变零和博弈心态的方法。

一旦你有一个成长型心态，你可以把时不时冒出来的嫉妒当作资源加以利用。与其心想“他们都那么成功，我太失败了”，不如看看人家都做了些什么，向他们学习，对自己说：“我太钦佩她的坚韧了，我要不断克服自我怀疑。”

一旦你不再受社会比较侵扰，你会发现，你的成长型心态正在形成，并让你受益。没有成长型心态，你会陷入困境，会感到气馁。但有了成长型心态，你就可以有意识地选择良性嫉妒，而不是成为有害的那两类嫉妒的牺牲品。

培养自己的成长型心态

为了培养自己的成长型心态，你需要从哪里开始？你能猜到吗？没错，回答得对。你需要从允许自己脆弱开始。为什么？因为，要培养成长型心态，你必然要迎接充满风险的挑战和机遇。这当中你会犯错误、会失败。在此过程中，你必须相信，如果事与愿违，并不意味着你失去了什么，而是你成长了。

你需要放弃那套挫折是挑战的说法，而将它们视为机遇。你还需要把自己看作是一个不断进步的人。进步当然不会每天都发生，那需要时间，但是，总体上你正朝着你想要的方向发展。一定不要好高骛远，要耐心平和，知道完成任何事都需要时间。你需要观察自己的想法和思路，观察你进行社会比较时自己的反应并选择良性的嫉妒。

当成长型心态开始形成，零和博弈观念就会逐渐消失。虽然这里才提醒大家这一点，但本书从头到尾都致力于培养健康的成长型心态。

我向《点击这里寻找幸福》（*Click Here for Happiness*）一书的作者伯克利幸福研究所（Berkeley Well-being Institute）的创始人蒂奇基·戴维斯（Tchiki Davis）博士请教了她关于成长型心态的个人见解，因为她对此做过大量的深入研究。一句话，蒂奇基·戴维斯博士相当厉害。

她说："要获得成长的心态，人们必须把生活看作一种学习。只有如此，人们才会不怕万难，尝试新的东西，并努力从错误中吸取教训。"这很重要，因为如果你想改变生活，"你首先要相信你可以改变。当你真的相信改变是可行的，你更会为之付出努力"。

除了允许自己脆弱以及我提出的那几个观点之外，戴维斯还建议我们去深入了解成长型心态和固定型心态的差异，因为了解两者的区别可以让你确定自己是哪种心态。有时，你会陷入一种固定型心态。我就是这样的，压力过大或疲劳过度时，这种心态很容易发生。但只要发现后，你是可以把它扳回到成长型心态的方向的。戴维斯列出了它们之间三个需要关注的重要差异：

1. 对待努力的差异

当面对艰苦的工作时，固定型心态的人可能会招募其他人来做最困难的部分，尽量少地付出努力。而成长型心态的人则认为，好的结果往往需要下力气，“努力”是过程的一部分。为熟练掌握一项新的工作内容，一个人通常需要花大量精力，要么脑力的、要么体力的、要么就是长时间的大量重复。

2. 对待挑战的差异

一个固定型心态的人常回避挑战，原因是害怕失败。他会选择躲起来逃避责任。相比之下，成长型心态的人认为，挑战令人兴奋；认为从挑战过程中可以学到很多，因而他们“坚持不懈”，把握挑战，然后成绩斐然。

3. 对待错误和反馈的差异

固定型心态的人讨厌犯错，因为他们会觉得丢脸。他们常会责怪别人，或在受到批评时过度捍卫自己。而拥有成长型心态的人会把错误看作一个教训来吸取，不会把批评当成是针对个人的人身攻击。对批评持开放的心态有助于提高一个人的能力，让他下次做得更好，这也是成长型心态能通往成功的另一个原因。

思考时刻

本章即将结束了。尽管我知道人们该怎么做才能接受别人的成功不会夺走自己的成功这一事实真相，但我承认，改变不会一蹴而就。我习惯先下个不中听的结论。

不过，我现在有一套可以借助的工具，能在发现自己陷入社会比较的漩涡时拯救自己。当下一次有另一本探讨焦虑的书荣登《纽约时报》的畅销书排行榜时，我会花点时间查看我心中感受到的嫉妒或妒忌的源头。是因为我自己想上畅销书排行榜吗？（是的，当然是，但要等待时机。）是因为我把上榜看成是自我价值的体现吗？若真如此，我需要提醒自己，有更为健康的衡量自我价值的方法。

我可以采用认知行为疗法，运用我所知的事实来改变自己的思维；我可以反观零和博弈心态，确保不被它牵着鼻子走；我可以回顾自己走过的路，实行纵向比较；我不在乎自己仍然有嫉妒情绪，但我会选择良性的嫉妒，而因此能够看着别人的成功问自己："有什么不同的路可走吗？我如何能另辟蹊径呢？这个人是如何成功的？我能从他们身上学到什么吗？他们的哪一步做对了？"我可以把嫉妒抛之脑后，将其变成有用的资源。

我在做所有这些事的时候都知道，我正在为自己的成长型心态打下坚实的基础。这绝对是一件好事，如果一切都失败了，我还能按下静音键。

下面是一个用于解决社会比较问题的工具箱：

※ 在日记里做一个认知行为疗法（CBT）的思维记录练习。

※ 问问自己嫉妒情绪是从哪里来的。

※ 检查自己是如何衡量自我价值的，将其转向自己可控制的事物。

※ 利用日记来实行纵向比较。

※ 选择良性的嫉妒。

※ 把别人的成功当成你的动力。

※ 关注成长型心态。

※ 管理来自社交媒体的信息，确保它只向你提供让你感到自在的内容。

第八章

真相 8

追求快乐，你就错了

有一个问题是所有的有关个人成长的研讨会和健康幸福类的书籍都想回答的，那就是，人们怎么才能幸福快乐？

我在书中其他章节每讲到一个事实真相时都说，我不是专家，不是什么都明白，但我可以说，把生活过得幸福快乐我很在行。我知道我有点说大话，但总体来说，我真的是一个非常幸福的人。在这一章中，我打算深入探讨构成幸福的要素。根据我的亲身体会，这些要素以及之前讨论过的内容，是构成大家所向往的幸福生活状态的材料。

但是在探讨之前，我们有一件事要做。请大家把我们平时挂在嘴边的“幸福快乐”这个词放进一个贴着“不切实际”标签的盒子里，然后把盒子推到一边，将其替换成“满足”这个词。

没错，当人们谈论自己对幸福快乐生活的向往时，其实内心想的是获得满足感。所以，我真正想说的是，我很容易知足。总体而言，我是一个非常知足的人，虽然有点神经质。

在我看来，如果一个人多数时候感到满足，偶尔几天感觉糟糕或一般，这已经是一个很高的目标，大家奋力追求幸福快乐就把方向搞错了，本章就来谈谈这个事实真相。

满足感可以被定义为对生活感到满意的感觉。我们的理解是，满足感是一种更深、更持久的感觉。和幸福快乐不同，它很容易流逝，这一点我们大家原先都理解错了。快乐常有高度喜悦的意思。快乐多固然好，但是，人们不可能维持住快乐。追逐快乐的人终会发现，他们追逐的是自己的尾巴，永远也追不上。当有好事发生，大家都体验过那种极度快乐的感觉。比如，孩子出生、目标实现甚至一天当中普普通通的购物活动都给我们带来快乐。但当最初的兴奋和随之产生的快乐荷尔蒙消退后，我们就会回到某个神经的稳定点，即便那些彩票中了奖、职位获得晋升的人也是如此。

反之亦然。当有坏事来临，用不了多久，大家也会回到这同一条基线。事情进展不顺利的时候，大家一定对此深有体会，用不了一周，这件事情也就过去了，它不再如最初那般强烈，会影响你的情绪。

这被称为享乐适应，因为我们都回归了各自相对的基线。我认为，这个基线正是大家需要关注的东西，应尽力保证它稳当地处于满足感的区域内。

我想说，满足感才是更值得大家去追求的。比起貌似高居庙堂之上的极致快乐，满足感不再让人觉得遥不可及，它是每个人都能实现的。而且更重要的是，满足感是可以维持的。

当我们开始关注这条基线，你会注意到一个很大的变化。人们开始反思那个口头禅“当……的时候，我就会快乐”或“如果……，我就快乐极了”。这是被多少人告诫过，却仍然有很多人趋之若鹜的幻想。然后大家开始接受，满足感才是随时随地可以增强的。有了这个逻辑，重要的就不是追求一个个快乐巅峰，而是增强日常满足感的基线。与其人生大部分时间满意度不高，拼命追寻一个又一个稍纵即逝的快乐巅峰，不如尽力关注这个稳定点，慢慢地提升满足感的基线。这是不是有道理？

而且，如果把这个想法再延伸一步，我还建议，在提升日常满足感的基线的同时，加强一下你的韧性。当然，这只是我的个人想法，无任何具体的依据。

我说把稳定点提高，就是说，基线比之前高了，再遭遇挫折（幸福巅峰的对立面）时，从高点落下不至于掉得那么低，挫折对你的影响不会像从前默认设置低时那么大。还有一个额外的好处，你发现自己的恢复能力提高了，这就是韧性。

而且，随着能提升满足感的各因素一点点添加进生活，处境艰难时，它们是你可以仰仗的退路，你为自己制造了一个满足感缓冲垫。

目标对象确立了，下面的问题就是：能提高满足感基线的东西是什么呢？

简单地说（遗憾的是没有那么简单的事），当人们的生理、心理、社会状况水平和谐，完美相交于文氏图[①]的中心时，一般就是满足状态。

① 文氏图（Venn diagram），或译温氏图、维恩图、范氏图等，是在所谓的集合论（或者类的理论）数学分支中，在不太严格的意义下用以表示集合（或类）的一种草图。——译者注

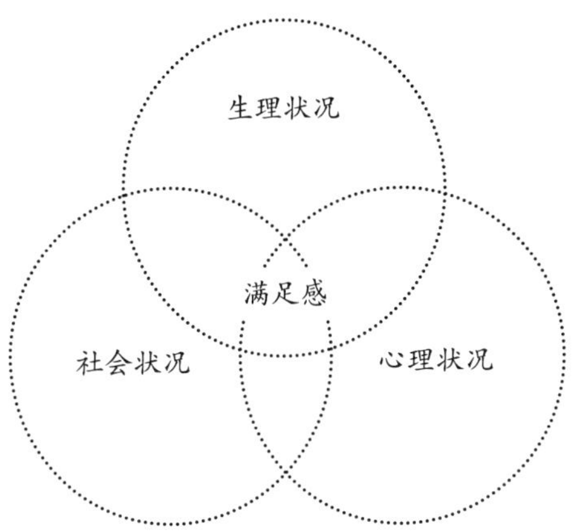

下面做进一步解释。

生活安康有以下三个要素：

※ 生理状况，指先天体质和秉性。

※ 社会状况，指人们的生活环境、社会关系和生活方式。

※ 心理状况，指人们的观念、态度和对事件的应对技巧等。

这三个要素彼此交互影响。

毫无疑问，社会经济状况大大影响一个人的满足感。吃住不愁，有足够的钱应付各项用度，这都影响着人们的满足感基线。然而，无数研究表明，满足了基本需求之后，无论是钱多出10倍还是在社交媒体多出20倍于现在的“粉丝”数量，从长远看，似乎并不会给人带来更多的满足感。

个体生物学特性据说也对人们的满足感起着很大的作用。例如，有些人的大脑天生就容易抑郁或焦虑，另外一些人的大脑天生放松，容易对刺激做出更有益的反应。但生物学和社会学要素并不是孤立的，也不是一成不变的。

生物学特性会受所处环境状况的影响，环境也会受生物学特性的影响。例如，你的神经类型属于容易满足的那种，这本是很理想的神经类型，可是由于周围环境恶劣，满足感大打折扣。而如果社会环境不错，有一份好工作和许多好朋友，时间久了，即便先天生理的神经类型不是容易满足的那种，也会有一个满足的生活状态。第三个要素是我们经常忽略的，即心理因素。一个人的态度和人生观以及心理调节能力会对环境和生物学特性产生影响，反之亦然。关于这一点，如果你听得头大就回看一下那个文氏图。

我认为，心理因素正是我们最有可能用以改变自己的要素，因为它对于个体来说最好掌控，所以是本书将重点关注的范畴。

我们看有些你我都觉得其生活环境恶劣但知足的人。可以说，正是他们的心理状况，即积极的心态、对自己所拥有的感恩之心等从积极方面影响了其他两个因素，提高了满足感的基线。这三个要素同等重要，相互关联，其一出现危机，另外的可以挺身而出进行补救。

为了更好地讲述本章的重点内容，我假设你衣食等基本需求无忧且身体健康，从而我们可以把关注点放在那些用以加强日常满足感基线的具体心理手段上。这些手段，和本书探讨的其他手段一样，是我亲身验证过有作用的，它们是维持我满足感的无价之宝。

具体如下：

1. 脆弱

“怎么又是脆弱？”我似乎听见你们这么说。可我必须说，脆弱必须是榜单之首。为什么呢？因为当我们不怕暴露脆弱、愿意以本真面目示人时，我们无须伪装自己，不再有因此产生的紧张感，所以会感到更自在。

内心冲突消失了，也即生理—心理—社会三者关系中的生理方面轻松了，我们变得更能接纳自己。我们不再有压力必须装出一副什么都懂的样子，无论对己还是对别人。我们接受每一个人都是一个成长体的观念。大家还记得成长型心态吗？接受每个人都有局限性这个事实，然后我们会对自己更加满意。

这是原因之一。

此处再次提到脆弱是因为，允许了脆弱，人与人之间容易建立更深的关系。这使得社会属性的自己得以健康发展，进而满足“生理—心理—社会”中的社会需求。

有了脆弱，人们对他人更宽容，关系更亲近，反之别人也一样。人们超越点头之交，建立更真实长久的纽带，这才是有意义的人际关系。而脆弱显然是这种深层人际关系的先决条件。正是这种深层有意义的人际关系，在促进长期的满足感方面发挥着极其重要的作用。这已经一次又一次地得到验证。

注意，这不是指庞大的社交网络，这里的关键词是“有意义”。

当然，你可以与无数人有着泛泛之交，但只有交心的关系才让人内心愉悦。要获得持久的满足感，不能只看社会关系的数量，更要看质量。高质量的人际关系才能给予你社会支持。要获得社会支持，脆弱是必需的。这不是说一个人必须对世界上所有人都表现脆弱。你无须建立一整支队伍，他们可以少到只有两个人。在他们面前，你不担心袒露内心，你能真切感受到他们的支持，反之亦然。这是超越照片墙私信的那种关系。

一个人是内向性格还是外向性格都不是问题，因为每一个人都有社交的需求，就像每一个人都有脆弱一样。所以，我们需要顺应天性，把精力放在我们珍视的、可以发展的人际关系上，而不要只埋头个人奋斗，不接触别人。因为社会关系和社会支持的作用不只是让人有个好心情，它们也是基本的满足感赖以生存的基础。

为了说明社会关系对个人满足感的意义，我将拿出一把迷你小提琴，沿着记忆的小路向回走一走。如果你愿意，就跟随我一起吧。

我从穿着尿布开始，一直就没有一群可以外出相伴的好朋友。我对此耿耿于怀。很多人在很早的时候就建立了他们的社会关系圈，一直相伴到成年。直到20几岁的时候，我才真正有了朋友，成为我满足感的最大来源。更确切地说，直到我愿意接纳自己的脆弱后，我才发展出今天对我来说意义非凡的社会关系。

现在我已经30多岁了，我知道任何时候质量都胜过数量。但有一段时间我真的因为自己没有小团队感到窘迫，特别是从中学即将毕业到读大学那个时期，大概十八九岁到二十出头的时候。我不是社会弃儿，但读书时代后期，我确实经历了一段非常艰难的时期。我的胃也出了问题，这段时期正是普通人奋力获得并捍卫独立的时期。

就在我的同龄人抱着极大的热情尽可能远地跑出舒适区、可劲儿地社交、兴奋地融入大学生活的各式新鲜事，期待着成年生活时，我却完全相反。我将所有的社交活动拒之门外，选择待在家里，与海量收藏的DVD、父母以及家里养的狗为伴。只有在家里我才觉得安全，因为在家里我不必伪装成别人。老实说，胃病也是一个因素，让人只想着待在家里享受浴室里的舒适。

我被焦虑吞噬，甚至我选择学位和大学的标准都在于它是不是离家近，比方说大约10分钟步行的距离，不用说其他城市。当同城的其他大学举办开放日时，我一个接一个地编造借口，为自己提供不去参加的合理理由。真的，我是太害怕了，不敢考虑去任何让我远离舒适区的地方读书。我恨不能有根绳子把我拴在家里，拴在父母身上，不走远，免得绳子断了。

由于我当时年轻，对焦虑也缺乏理解和基本的认知，我害怕向任何亲密朋友表达自己的真实感受。

“你怎么了？”他们会问，“你还在生病吗？”

“大概是吧，我也说不清，就是种怪毛病。”

我感觉自己既蠢又窘，觉得同龄人里好像只有我这样。很自然，我不敢谈论它。我怎么就不能像其他人一样，去参加派对开开心心地玩呢？为什么派对热热闹闹地进行着，我却忍受不了那样的环境而惊恐万分，只想躲在卫生间里打电话给我母亲求救般地叫她来接我？

焦虑和胃病像吸尘器一般，吸走了我的一大部分其他同龄人常有的满足感，怕暴露脆弱而远离社交又很是害人不浅。我不参加班级旅行；聚会都从旁人口中听说；没有这个年龄都有的无所不谈的亲密朋友。我离开学校时熟人很多，但没有一个人能让我感觉到自己和她们有真正的心理连接，也没有一个人我今天还与其保持着联系。

我真可怜！但我现在要把我的小小提琴放回盒子里了，因为情况最终发生了好转。

尽管我只敢走出家门10分钟求学，但就在那里，我觅到了我的小团体。真不知道要是住在爱尔兰的乡下该怎么办。她们是一帮我终于可以肆无忌惮地在其面前做我自己的、完全可赖以得到社会支持的人。我收获的远不止于此。我享受到的还有快乐、冒险以及人际关系所能给予的所有其他重要的东西。

如今，我这帮好朋友仍在。她们不是个多么大的团体，但她们如散布在这里那里的一袋袋宝石。我坚信是她们让我有了一个特别好的满足感的基线。我振作起来的每一步，都有她们在陪伴。

我不是说，在我进入大学之前的学校里的朋友做得不好，我绝不是这个意思。是我从没有允许自己表现脆弱而让她们靠近。我没有给过任何人走近我的机会，因为我害怕别人对我的看法。所以尽管我需要建立人际交往以获得满足感，但我都拒绝了。这些日子我会想，固然，我喜欢更多的独处，我会再次过隐士的生活，毕竟不管有没有焦虑，我绝对是个“宅女”。但今天，要是把我和任何一位密友只要隔开一张桌子的距离，也许在我们之间再摆一瓶普罗赛克酒，即使已经睡意蒙眬，我会一下子激灵过来，记起她们给予我的支持有多么重要，而这个支持是我用脆弱换来的。

你问，我到底想说什么?

我要说的是，不要低估社会关系对你满足感基线的影响。缺乏的话，不妨尽管施展脆弱吧。

这就是我们要讨论的重要心理原料之一。然而，虽然社会关系对于满足感如此重要，独处依然必不可少。独处是满足感食谱中的第二种心理原料。

2. 心流

这里所说的“心流”不是“随波逐流”，虽然随波逐流也可以提高满足感基线。这里所说的“心流”指的是积极心理学所描述的“在某个时间点完全沉浸、投入、参与某件事并同时从中获得享受的积极精神状态”。

这个概念是心理学家米哈里·契克森米哈（Mihaly Csikszentmihalyi）在1975年让它流传开的。差不多每个人都曾有“心流”的体验，虽然我们不知道那就是心流。心流是最美妙的存在状态，最养人，也最能提升满足感，不需要一滴酒精就可以做到。心流不是可以通过被动地欣赏一部片子或沉浸在一本有趣的书中就能获得的，它必须涉及个人的参与和进步，外加一点点享受。

关于心流我有一个亲身体验的完美例子。作为作者，我常有遭遇瓶颈写不下去的痛苦，这时一旦堵住瓶颈的东西被拿掉，我能文思泉涌，一口气写上几千字，不知时间流逝，对身边所发生的事也毫无察觉。显然，当这种情况发生时，写作变成了享受，带给我极大的满足感。这就是心流状态，它并不局限于写作。

我丈夫巴里一直都有这样的状态。他是一名电子工程师，每当他的脑子如猴子般快乐忘我地徜徉在编码的峡谷里，他可以几个小时处于心流状态，屏蔽掉整个外面的世界，包括我给他发的短信“你回家路上能不能给我捎几块巧克力？”。这样的状态听起来似乎很罕见，貌似需要靠运气，但有幸的是，其实不然，它往往发生在你最不经意之处。它可以发生在我专心做Excel表格计算开支和所得税的时候。这听着是一份枯燥的苦差事，可我能很快地投入进去。顺利的话，我会毫不费力地进入心流状态。

我很享受做Excel表格还因为我知道，这不是浪费时间。这让我感觉自己有条有理，因而获得持久的满足感。有时整理衣柜也会带来同样的感觉。我注意到，当我忙于撰写产品新闻稿时，我也会进入心流状态。这个活计虽不太讨喜，但也能帮我挣点小钱支付账单。我对报纸上的活动没兴趣，这工作也不动人，但我的脑子真的很喜欢这个过程。这个工作有难度，但我很擅长。这就像把魔方交给一个高手，他不需费多大力就能解决。

心流有点像正念和冥想。在心流状态下，你就像扎根在了当下，专注的就是此时此地。不同的是深入程度，是否有短期目标，比如清理衣橱或写稿以及是否有对进展的即时反馈。

我发现，心流这个概念最鼓舞人心之处在于，它是我们做任何工作或活动时都可能享受到的东西，甚至是做一些大家觉得乏味的任务也是如此。比如最基础的数据输入。

米哈里·契克森米哈解释说，心流与“自我”（ego）无关。他说，当你进入心流状态时，“自我消遁”。此时你感到自在，感知已无意义。因此，我们不必把目标定得太高来实现心流。无论你是实习生还是首席执行官，无论你是在专业场所还是在家，不管你是在创作一幅举世杰作还是在烤米糕，你都找得到它的踪影。它不一定非得是超有创意或烧脑的东西，一个人也不一定非得是一个艺术家才能体会心流，虽然说艺术家的确是熟悉这种状态的群体。对于一个艺术家而言，心流也是类似独角兽般的稀罕物，你期待偶遇却踪迹难觅。对于我们普通人来说，它是重要性被低估了的提升满足感基线的工具。

继20世纪70年代米哈里·契克森米哈在这方面的开创性工作之后，对心流的研究主要集中在它与生产率提高之间的相关性上，这就是人们对它如此感兴趣的原因。因为如果人们能够最大化员工的创造力和表现，那对商业绝对是好事。不过，我更感兴趣的是，心流的体验如何增加满足感。

首先，我们可以来看神经认知学教授阿恩·迪特里奇（Arne Dietrich）的研究，他探索了心流的神经科学以及它影响大脑功能的方式。他在2004年的论文中解释说，当我们进入心流状态时，我们会从自我对话和自我分析中解脱出来。心流被认为是“短暂的脑前额叶功能退化”，此时参与自我意识、自我对话和分析思维的前额叶皮层放松。换句话说，当一个人进入心流状态时，他会关闭大脑的评判的（通常是负面的）声音，而在脑边缘区域愉快地专心致志于手头任务时“自我”会后退。通过进入心流状态，脑前额叶短暂失能。你实际上是创造了一个头脑空间，其间原本忽强忽弱的脑活动变得平稳而节奏舒缓。我在第七章中说过，任何降低人们内心批评声音音量的事情，或者完全将其关闭一段时间，利用心流状态，都是增进并维持幸福感的好事。经常性地让脑前额叶功能短暂退化，人们会感到更放松、更有创造力且更满足。

除了这些功能的转换之外，大脑在心流状态中会分泌快活荷尔蒙及神经递质，产生积极的神经化学变化。当你进入心流动状态时，你的大脑会同时释放多巴胺、5-羟色胺、去甲肾上腺素、内啡肽和安那度胺。我们一一简要介绍。

多巴胺你已经很熟悉了，因为它经常被称作最重要的幸福荷尔蒙。当有好事发生或运动时，我们有多巴胺作为奖励。但在心流状态下，多巴胺奖励的是专注。

5-羟色胺是另一种增进快乐感觉的英雄。它是情绪稳定剂，在调节情绪，控制睡眠/觉醒周期中起着重要作用。

去甲肾上腺素实际上被归类为一种应激激素，因为它由交感神经系统触发，常在战斗或逃跑时产生。此时它不是负面的压力，而是一种更积极的唤醒，使我们的感官和表现能力更加敏锐。

内啡肽，通常与运动有关，也可由心流状态触发，是天然的止痛药，可以减压。

最后一个是内源性大麻酯（anandamide）。这是一种内源性大麻素（如果你是CBD的“粉丝”，你就一定认识它），它与情绪调节有关，具有抗焦虑和抗抑郁的特性。

有了这杯由超级性感荷尔蒙组成的鸡尾酒，你会得到美妙的体验——压力、担忧、焦虑、无益的和具有破坏性的想法都会化入背景，剩下的就只是满足感。所以，你是不是想让生活多一些心流状态？好极了。首先，要有一个米哈里·契克森米哈所说的“本身即目的”的体验心态，而不看重最终结果。回想以前你是不是经常看到帖子说，旅行中重要的是享受旅行本身而不是旅行目的地。米哈里·契克森米哈越是梳理心流与幸福的关系，就越发现，人们通常联想到的与幸福相关的东西，比如拥有财富、不必工作、每天看看网飞公司出品的影片、吃吃早午餐等，是最不可能找到幸福的。

与人们的普遍看法不同的是，大把的空闲时间带不来幸福。无所事事只会大大降低满足感的基线，这在那些早早地退休又不找点事做的人身上很常见。内心的满足感严重依赖能够经常性地引发心流的任务。

比如说，一个具有“享做”个性的人，也就是那种一有任务就跃跃欲试的人，他们的乐趣更多地来自做事本身，而不是做事带来的结果。

正如米哈里·契克森米哈所说，他们“纯粹为做事而做事”。

这自然与我们所受的教育背道而驰。我们所受的教育不断鼓励追求目标，这就是为什么人们即便讨厌目前的工作也硬着头皮继续做下去的缘故。因为他们的目光盯着所期待的最终结果，盯着未来的享乐和名利，这是他们工作的动力。他们任由自我判断什么东西会让他们“将来某一天”快乐，但是让当下“自我”高兴的并不见得是让内心快乐的。被“自我”驱动的人不看重做事本身，而做事本身才是一把开启满足感之门的关键钥匙。

心态转变后，接下来你就需要找出你想勾选的“本身即目的”的活动。这些活动要满足以下特征：

※ 不太难也不太容易。

※ 会用到你的技能并需要一定的专注力，但同时不超出你的能力，或者说不会让你感到力不从心。

※ 放松“自我”或自我意识后仍让你有掌控感。

※ 可提供短期目标，能让你马上看出明显的进步。

※ 你会从中得到某种享受。

对于喜欢工作的人来说，心流状态通常发生在工作中，我就是一个例子。但如果工作不能促发心流，你仍然可以通过做一些专业之外的事情实现。

遗憾的是，心流状态不是说来就来的，它强迫不得。如果不能专心，总有些杂七杂八的担忧和琐事干扰，你就需要接受当下无法进入心流状态的这个事实。也许这份工作不适合你，有时候也许适合，但你此时有一些必须集中注意力解决的其他问题，处理完之后你才能享受这段轻松的心流状态，也许你只是需要小憩片刻。

没有烦忧又有精力的情况下，在你可以回想符合上述所有条件的活动，找到适合你的。或者，拿起笔，准确记下那些你感觉“入流”时正在做的事情。那就是心流。

3. 感恩

获取满足感的第三个，也是最有力的心理工具是感恩。说实话，我过去对此不屑一顾，曾把写感恩日记视为愚蠢，比如记录一天中大大小小的所有可以感恩的事情，小到清晨洗个热水澡，大到被团队接纳享用一杯茶之类。我认为那很难让我的焦虑有任何改善，我迫不及待想要一个快速的解决方案。

然而，感恩就像我工具箱里的其他东西一样，我一发现有科学研究证明，它与提升满足感紧密相关，我就不能不谈谈了。为了更好地说明感恩这么个简单的事情，我要向大家介绍大卫·斯坦德拉斯特（David Steindl-Rast）。他是作家、僧侣和讲师，有着一把能抚慰人力量的嗓音，其本身就带给人一份满足。他在一场著名的TED演讲中说，如果你真的想快乐，只需要心存感恩。

这位才子挑战了我们常有的一个观念，即快乐的人常感恩。他认为，感恩的人常快乐。斯坦德拉斯特在演讲中说“我们周围总有些人，他们什么都有，应该非常快乐，但他们不快乐，因为他们还嫌不够，想要更多。也有另一些人，他们经历了不幸却深感幸福。为什么呢？因为他们懂得感恩。所以说，不是幸福让人感恩，而是感恩给人幸福。如果你认为幸福让你感恩，那就再想想，一定是感恩让你幸福”。

怎么会这样？当你阅读这项研究时，你会把感恩当作生命的超级养料，因为它对提升健康幸福三圆环——心理、社会和生理——至关重要。关于这项研究真是有太多的话要在本章说。

我们先看看社会因素。2008年发表在美国国家生物技术信息中心网站上的一项研究表明，感恩可以极大地改善社会关系。我们知道，社会关系对满足感至关重要。感恩让人更具同情心，更具团队合作精神。通常，你会发现，你心里的感恩越多，你就越善于沟通。从心理上讲，人们的心情因感恩大大改善；从长远看，满意度将大大提升。

斯坦德拉斯特（Steindl Rast）解释说，当人们心存感恩时，行为举止表现出的是够了的感觉（拥有感），而不是缺少的感觉（匮乏感）。在加州大学罗伯特·A.埃蒙斯博士和迈阿密大学的迈克尔·麦卡洛博士所做的研究中，研究人员要求所有参与者每周写几句话。其中一组被要求记录下在同一周内发生的让他们感激的事情，而另一组被要求跟踪他们每天的恼怒或烦心的事情。第三组（对照组）被要求写一些影响他们的事件，而没有强调事件的积极性消极性因素。据报道，10周后，那组记录感激的人比其他两组人更乐观，更满意自己的生活。

从生物学的角度来看，感恩实际上改变了我们的大脑。2008年，科学家罗兰·扎恩和他的研究团队为了研究感恩，第一次使用了核磁共振技术。当参与者被唤起感激之情时，他们大脑中的奖赏中心亮起，增强了血清素和多巴胺的分泌，这是两种让我们感觉良好的重要的神经递质。下丘脑也参与其中，对压力激素的调节更好。感恩不仅对大脑有作用，还能增强免疫系统，释放不良情绪，减轻疼痛，甚至有助睡眠，等等。

对斯坦德拉斯特来说，获得长期满足感的关键是带着感恩意识度过每一天。感激每一个新的日子，感激拥有的每一个新的时刻，感激我们拥有的时光，以及生活中所有美好的事物，甚至可以将挑战和逆境视为机遇。之后，一种美妙的满足感——他甚至称之为幸福感——会在我们心中升起。

想法很好。但他承认，很不幸，生活常有烦恼挡路。人们会生气，会压力重重，会忽略对自己重要的东西，老盯着自己没有的东西。没关系，这本就是人类。人类的负性偏向虽说用心良苦，但作为生存本能意义不大，可没办法，老天就是这么造人的。

所以，我决不会强迫自己每天背负对脚下土地和身上衣服的无比感激度日，那样什么都干不成了。老实说，如果我们不时看一会儿美丽的蓝天，被车撞的概率都要提高了。

但是，偶尔把脚从油门上移开，让速度慢下来，想想有什么要感激的还是很重要的。原因如前所述，你可以接纳自己的负性偏向，毕竟你不能完全摆脱它。而且你也不应该企图摆脱它，因为负性偏向一方面是自保手段，另一方面，它某些时候可以和感恩共存。

长期向前冲冲冲的生存模式让感恩肌有些锈住了。为让感恩肌动起来，我求助于正念。正念和心流都教人关注当下，两者却有显著的区别，其关键是它们所在的脑区。

心流我们刚刚讨论过，它就好像是一个不错的自动驾驶仪。它工作时，掌管分析和评判的脑区就处于离线状态，不参与活动。我们时不时需要这样的状态，这让前额叶皮层可以得到休息，又让原始脑可以得到一定程度的刺激。这里指的是让人心安且不具有威胁性的刺激。

而正念是在我们有意识地启动了前额叶皮层时出现的，它让我们脱离自动驾驶模式。这也是必需的，它让我们对周围环境有清晰的意识，并专注于呼吸，不加评判地体察自己的感受，然后把注意力转向感恩。

为提升满足感，斯坦德拉斯特说得最简单不过了。他的诀窍就是“一停二看三行动”，就是大家小时候第一次学习过马路那套。每天可以做一做的超级简单的练习就是停下来想想你有什么可感激的。开始可以一周一次，只需要持续几分钟。我发现以感恩为主题的导向冥想特别有用。我会在白天抓紧机会，通常在觉得“无聊”时，比如排队时，利用时间去想想我都拥有些什么，不去想我没有什么。因为我知道，这不仅会改善我那一刻的状态，还会提升我长期的满足感。

当然，还有其他一些心理因素值得一提，比如自我关怀。它绝对是构成满足感的重量级的因素，我们在第三章已经详细探讨过，如果大家忘了可以往前翻。固然，人们可以通过脆弱变得强大，也可以通过培养有意义的社会关系、伺机进入滋养大脑的心流状态、辟出时间进行正念练习达此目的，但是，如果不加监管，那么所有这一切都是空谈，满足感基线是不可能提升的。

思考时刻

认识了脆弱、社会关系和心流的意义，加上自我关怀和感恩，以及它们在增强满足感基线当中发挥的独特作用，我们正逐渐远离刻板定义里的幸福含义，比如挣更多的钱，做更好的工作，拥有令人羡慕的名牌车或漂亮的简历。

我们讨论了怎么让大脑感觉好，而不是让“自我”感觉好，并决心以此为追求。

了解了这些，你仍然可能会说，这才刚刚走在幸福道路的半途，远不是全程。没错，因为最终只能靠你自己走完全程。

第九章

真相 9

相信直觉，它不是摆设

你是不是不相信自己有局限？我们大家或多或少都这样。你是不是愿意把自己想成无所不能？那样对你有利吗？

我现在越来越能接受并尊重自己有局限性这个事实。比如，我完全不能否认，我永远成不了一天只需睡6个小时的人。很多人跟我一样，据《我们为什么睡觉》（*Why We Sleep*）一书的作者马修·沃克（Matthew Walkers）说，只有不到1%的人能每晚正常睡眠6个小时而不受任何影响。老实说，我发现即使是推荐的8小时睡眠时间对我来说还是有点保守，我需要睡到9到11个小时才能达到最佳状态。好吧，应该说是12个小时。当然，专家会说我睡得太多了。比如罗宾·夏玛会说，我本可以在太阳升起之前完成一整天的工作。但我自己知道怎么样最好。需要的睡眠时间长就是我的一个局限，我必须知晓这一点，但尊重和顺从局限一点没有让我的天地变窄，恰恰相反，我得以按照自己的节奏和方式完成我想做的一切，还能踏实地午睡。

同样，作为一个特别警觉的、易焦虑的人士，我近年来发现，顺其自然则昌，逆势而为则败。所以不要企图变成另外一个人。我曾这么做过，而且时间不短，直到我发现，我什么也没能高效地完成。

在写作本书的中途，有一次我有个机会把我的大脑借给科学家做研究，当然不需要剖开。行为神经学家迈克尔·基恩博士（Michael Keane）绘制了我的脑图。当时我的头上布满了电极和一些黏糊糊的甲喹酮类物质，还有一顶看起来像科学怪人类电影里出现过的很老式的帽子，这样他就能获取我的大脑活动的清晰图像。然后我要顶着一头黏糊糊的头发上前讨论。

该实验和使用测谎仪测谎不同，测谎仪不准，这早已众所周知。脑电图仪的技术成熟得多。它观测的不是当前状态，因为在有科学家观测的情形下，被观测者往往比较焦虑，不能完全放松。它研究的是脑的长期属性。或者换句话说，它研究的是大脑类型，而不是当下的大脑状态。基恩通过只有5分钟的数据就发现，我的大脑异常忙碌。脑内发生着各种活动，不是动一下歇上一会儿，而是不间断地活动。活动算不上激烈，画风不似疯狂的大学校园里的聚会，而似一大群盛气凌人的家长，跑出家门一条街一条街地找孩子回家。

我的大脑忙碌而警觉，这点我一点不意外，想必任何认识我的人一定也不意外。然而有趣的是，根据数据显示，在我的大脑前部有一些较慢的电波活动，这是前额叶皮层所在的部位——大脑的CEO。还记得吗——该部位负责接收来自四面八方的信息。所有的信息首先经过丘脑——这是边缘系统的一部分——然后到达前额叶皮层，并判断其是否构成威胁。

基恩凭借他神奇的神经科学确定，我的前额叶皮层总是不自觉地要比一般人的前额叶皮层更勤快地工作，从而向我脑中的示警系统保证一切正常。简单地说，我有一个时刻警惕外界威胁的大脑。从纯生物学的角度看，我不容易保持镇定。

如果在几年前，这个消息会令我的情绪急转直下。我会把它当作一个宣判，判定我的大脑不是正常的大脑，它将让我一直会遭受焦虑的折磨。但现在，我已经学会接受自己的焦虑本性，反而感到心安了。它有助于我更积极地重新审视自己的局限性，就如同我把自己的脆弱看作是一种优势而不是弱点一样。

这一次我没有痛恨自己是一个焦虑的人，也没有强行表现得毫不在乎。说实在的，我也做不到表现得不在乎，因为这需要做脑叶切除术。这个结果只是精准地向我展示了我与之共事的是一个什么样的大脑，以及这一生我可能要纠缠的问题是什么。有了这个认知，我不再着急忙慌地要用推土机推掉焦虑，那会适得其反，让我苦不堪言。现在我能接受自己的生理局限，即那个有缺陷的前额叶皮层，让其服务于我，以使我将来获得成功。

为此，我要尽力加强前额叶皮层，使其发挥最好的作用。我也可以采取一些额外的措施来舒缓和调节我勤奋疲惫的压力系统。比如做做心流和正念练习，或者抽时间做做美好放松的事情，而不是否认压力，指望其自行消失。

尽管结果令人相当失望，但事实真相就是，我们确实有局限性。

表面上，得知自己有局限让人泄气，很没有奥普拉派头。记得吗？我在第一章就放弃了当奥普拉的愿望。但深层的事实是，有局限不是说潜力受到限制，不是说有些事情你永远做不到。完全不是。相反，这是说限制你把自己逼得太甚太紧，硬是逼进一个不适合的模子里而对自己造成伤害。

有其他的学派会建议你突破自己的局限追求成功，建议你强迫自己保持积极的心态和“能行”的态度。他们不在乎你是不是只想睡一觉，可我不一样，我想说的恰恰相反。我认为，发现并尊重自己的局限是成功的必要条件。如果把成功和健康幸福等同起来，这一点不假。我就是个现身说法的例子。

我认为，做到自我关切有一个秘诀，那就是停止跟自己作对，开始向自己妥协。人们不可能让局限原地蒸发，却可以理解它们、接受它们，与之共存、相宜而生。如此我们则可变得更强大，看似的弱项可以转化为强项。正是这样的转化重构造就了今天的我，一个安逸、幸福、满足的我。这有多重要，我想我再强调也不为过。

现在请大家思考一下自己有哪些局限。身体或情感上有哪些边界需要尊重？再说一遍，不要认为它们是弱点或不足，而要把它们看作是通往幸福之路的通行证。

你不必去让神经学家绘制脑图以发现自己的局限。尽管这很有趣，我也愿意推荐，可的确不必。你只要认真地想一想就能知道，它们是身体上的，这种比较容易发现。举个例子，我有个朋友患有一种血液病，他在跌倒撞伤出了血后不会凝结，血会一直流。这造成了好多问题，他不得不常去医院紧急输血，因而不能参加有身体接触的运动。尽管他有很长一段时间不愿承认，但这就是他不得不尊重的一个身体局限，原因不言而喻。尊重，则能少去医院，增加美好时光。这是个身体或生理局限的例子，但局限也是心理或情感上的。这种就较难识别。

例如，一个内向的人发现自己只要短时期内频繁地参加社交活动就会非常疲惫。如果这个人想要保存精力，这就是一个他该关注的局限。

因为考虑到社会评价总是说外向更好，他们便竭力不让自己那么内向。然而，实际上外向内向没有好坏之说。他们一次次地强迫自己处于挑战自身本性的环境中，这当然会造成压力进而耗损能量储备。他们认为自己应该是某种样子，而实际上，他们是另一种样子。按照自己的样子生活对他们来说才是最好的。

我不确定自己是内向还是外向。事实上，我觉得我属于混合型，是两者都有点的类型。但我确实知道，在短时间内有太多的社交活动会让我感到焦虑。我现在不再对自己说，焦虑很愚蠢，我需要克服它，或者我能应付得了，因为这些都是外界期待我的回答。我现在的做法是，承认自己是个一人夜就要休养生息的人。我尊重自己的这个特点，因此我仔细规划时间以管理焦虑。结果就是，我感到更健康而满足。

有些局限是终生的，比如上文提到的睡眠需求和慢性血液病的例子，但另一些局限则是暂时性的。例如，你有一个辅助项目要承担，如果能全力以赴，你完全可以独自完成，但若此时你的手头还有七个在做的其他项目，这时你需要断然拒绝。

同样，对于一个内向的人来说，一周聚会一次的感觉可以是享受，但如果增加到三次的话，享受的感觉就要大打折扣了，因为间隔太短一个人来不及充电恢复。

另一种暂时的局限是我们都曾经历过的，那就是在气力枯竭的时候感受到的局限。莎拉·奈特（Sarah Knight）在她的《改变人生大法》（*The Life-Changing Magic*）一书中说得不错。如果你已经黔驴技穷，用光了预算，继续无限压榨有限的资源则会失衡，总有地方出现亏空，遭殃的将是健康。第三章中我们谈过。

至此，我已经谈了尊重局限以及何时向它们低头的重要性。但对于较短暂的局限，我想澄清的是，不是每发现一个局限就把它看成红色禁止牌而缩步不前。有时候，只要知道自己有哪些潜在的局限，以及之后哪里需要恢复平衡，继续做下去完全没问题。只要对自己有利，时不时地突破局限也是好的。

说到这里，大家可能会想，那到底怎么知道该怎么办？什么时候该屈服，什么时候该挺身而出？什么时候该停，什么时候该走？答案不复杂，但在现代世界常被忽略。我们要去往一个介于停与行之间的一个区域，我称之为内心的黄色交通灯。我们要点亮这盏黄灯。

什么是黄灯？我原以为你不会问的。

本质上，黄灯就是直觉的形象化说法。维克多・埃・弗兰克尔（Viktor E. Frankl）有句很有名的话：“在刺激和应答之间，有一段空间区域，这里是人们选择如何应答的地方，而我们能在这应答里看到成长和自由。”

在我看来，在刺激和应答之间的那个可爱空间里，比如在有人请你帮忙和你条件反射般地答应之间，或者接受一份不适合你的工作之前，你就可以看到这个黄灯。通过开启这个黄灯，我们不仅能体验弗兰克尔所说的成长和自由，也能防止自己做于己不利的事情。为了理解黄灯理论，我想让你想象交通灯上看到的颜色。行人在大街上走路往往只关注两个交通灯：指示通行的绿灯和指示止步的红灯。黄灯应该介于两者之间，指示我们减速，准备刹车，它为人们提供了充足的反应时间。但是，我们有太多的人根本不注意这个黄灯，只依两灯系统行事。

要是我问你，你对哪个信号灯最敏感，你若跟我一样，你会回答绿灯。如果你觉得绿灯对你的生活影响最大，那么你是一个拼命向前走走走的人。我就曾长期这样生活。做完这个做那个，大事小事一把抓，大事小事都全力以赴。没准备好的做，看着不错的做，甚至不想做的也做，因为觉得长远来看有好处。你恐怕也这么认为。然后会发生这样的事。交通信号灯突然从绿色变为红色，让我们措手不及，可我们别无选择，必须急刹车。这里缺少的就是那盏黄灯，用于在需要暂停时，温柔地先向我们做出预告，让我们知道该踩刹车了。

如果没有这样一个预警，我们会一头撞上前车，伴随一声刺耳的摩擦声急停下来，甚至更糟糕，会侧倾着拐落悬崖。在大街上，交通黄灯是相当重要的。可以想见，如果没有黄灯，会增加多少交通事故。没错，我希望大家的内心都有这么一盏黄灯，那是直觉发出的温暖辉光。如果大家能像在大街上重视交通灯那样关注这盏黄灯，那么生活中的压力和焦虑则会不及现在的一半。人们会更自在，不紧不慢做着相宜的事，满足感更强。

但对很多人来说，他们的黄灯要么太暗，要么根本没有打开。大家不在意它，也没有时间在意它。我就是这样。大家似乎只有在经历多次闯红灯撞车之后才慢慢熟悉适应黄灯的存在。很遗憾，我从与之交谈过的人身上发现，大家都是闯过红灯后才学会注意那个提示前方情况的预警信号，才后悔没有早睁开眼睛，才感叹要是早注意到就好了。

我们不必出了事才意识到黄灯的重要性，它不应该是我们后知后觉的东西。事实上，它不可重来。相反，它是一个预警工具，立刻就该激活，让我们处于它的监控之下。我们需要确保它处在开启状态，并且在需要的时候闪烁；确保它前无遮挡，随时看得到，然后就是学会听从它的警告。遮挡的意思是，比如你虽然不喜欢某个工作，但你想从中挣钱，这个挣钱欲望就会让你看不清自己对心理健康的需求。

之前讲到局限时说过，警报不一定意味着必须停止。别忘了，大街上闪烁的黄色信号灯表示的是，你可以继续向前，但要保持警觉。当你内心的黄灯闪烁时，它只表示减速慢行、关注路况。它还表示你知道前方是安全的，但你的行动有可能会带来风险，你最好对风险进行评估。它也表示在继续向前之前，应考虑某些事，比如个人局限。

我想说的是，通过倾听直觉，我们能信赖自己做出最有利的选择。这个直觉我将其形象化地比喻成了领路的黄色信号灯。通过利用这个内心的工具，并真正倾听它的声音，我们会减少很多自我怀疑和自我批评。因为我们给了自己一个介于刺激和反应之间的缓冲空间，帮助我们做出清醒的判断。

但我们怎么知道哪个该放弃哪个该继续呢?

遗憾的是，我给不出答案。我只能在每个我所到的路口为我自己回答这个问题。你怎么做完全取决于你自己，取决于你的个性、局限、当前的处境和过往经历，而真正知道该走哪条路的唯一方法就是更好地认识到，你有这么一盏黄灯。我只能帮你到这里了，这个黄灯我们大家都有，你要做的是把它放在明处，然后时不时地加以利用。

当学会倾听直觉并开始相信它时，激活黄灯就容易多了。

不过，一开始可能有点难。原因是，你可能太习惯于不假思索地说“是”或说“不”， 使直觉没有机会插言；或者你太习惯于抛开直觉给你的进言，因为你只关心自以为该做的；或者你太注重逻辑，因而不重视那种“知道”的感觉。所以，最重要的是练习向后退一步，给自己一点时间，在一头扎进去之前，先想一想各种可能的后果。

想一想这个后果会带给你怎样的感受，请任由思绪飘荡、尽情想象。你可以洗个澡，散个步，泡杯茶，将它记入日记，找个安静的空间做做此类事情，就非常有可能听到直觉的声音，倾听跳出的各种想法，尽可能地深入思考，必要时就睡一觉，醒来再说。好的想法也好，坏的想法也罢，不去做任何评判，此即正念。

如果有用，可以问自己以下问题：你正感受到的是什么情绪？要知道，直觉和情绪总是伴生姐妹。它让你兴奋吗？让你惊喜吗？还是令你倍感压力，一想到就觉得伤神？一定要对自己非常诚实，只有这样，回答问题的才是直觉，而不是“自我”，或内心裁判，或理性。重点是“感受”这个词。再说一遍，不做评判。有时，你能回答这些问题，却仍然不确定是该退一步还是该进一步。这时就问自己：“这感觉对吗？”如果感觉不对，无论你做什么，都要重视这个感觉。

激活黄灯的方法清单：

※ 退后一步，不说话，不要企图运用逻辑。

※ 你的直觉反应是什么？答案无所谓对错。

※ 深思你的答案。

※ 出去走走，远离数字产品的干扰。

※ 返回日记本。现在感受到的情绪是什么？

※ 感觉对吗？会让你感到有压力吗？

※ 你觉得你的黄灯想告诉你些什么？

※ 它是不是在提醒你想起被你忽略了的东西？比如你对自己的期望。

我经常想知道，直觉是否会出错。我个人觉得直觉很准，但那是因为我尽了力让它火力全开。如果你曾心碎过，现在伤痕累累，你的直觉会出现部分偏差。它会让你远离一个新的讯号，但实际上继续发展才是更好的选择。再次强调，冷静、安静、用心地倾听非常重要。只有这样，你最真实的直觉才会出现。

如果你怀疑自己的直觉，那就动用逻辑。直觉或叫黄灯信号排第一位，逻辑分析排第二。我喜欢两者并用，这样我不至于被其中之一带歪。两者各司其职，为了让你的理性在线，你可以问自己这些问题：

※ 这是你想为将来做的事吗？

※ 为了将来这么做会损害当下吗？

※ 如果它符合当下，那它会伤及未来吗？

※ 你这么做是为了自己还是为了别人？

※ 有警示信号吗？

※ 还有更多的理由主张去做而不是放弃吗？

※ 五年后选择加入或退出仍然重要吗？

※ 眼下做这件事对你来说是不是超出能力了？

※ 这貌似不错，但它真的对你个人和你的个性有好处吗？

※ 这是不是逼得你超过极限了？

我还发现，从更大的背景考虑问题会有所帮助。

假设你正在为一个新的工作机会折腾，可不知道为什么，你的直觉告诉你别去，而你仍然不确定，这时你就参照逻辑吧。你若得出结论，放弃是正确的决定，那你就不要把这看成是失败，而要试着把它看作一次成功，一次无声无息的成功。通过选择退出，实际上你是拯救自己于混乱，是在做对你最正确的事。而且，虽然你的直觉眼下可能说不，但这个“不”字不见得指一辈子。可能因为你一直都没有尊重过自己的局限，而此时也不是好时机，它还可以帮助你重新评估你目前的处境和向往的目标。

一位朋友曾经告诉我，如果我对直觉存有怀疑，应该牢记一句话：“相信你的直觉，它不是摆设。”可我把这话当成了耳边风，直到我遭遇了一次特别不好的经历才真正重视起来。当时我有一份新的工作机会，可虽然黄灯从好几个方面指示不该接受，我还是选择了忽略它的警告，直接奔绿灯而去。当时我只看重逻辑分析，没有倾听直觉不无道理的担忧。我对自己说，有压力很自然，只要是想做一点事，想勤奋点工作，压力大到窒息是再正常不过的感觉，那是成功的必经之路。事实证明，我错了。我是接受了这份工作，可现在我都不能说这份工作不合适了，因为那太轻描淡写。我必须说，它是我精神崩溃的催化剂，是压死骆驼的最后一根稻草。我愣头愣脑地闯了红灯，造成了可怕的后果。

思考时刻

长久以来，我责怪自己忽略了黄灯。但这里我要说的是，既然事情已经发生，当你已经闯过了红灯，站在红灯的错误一边时，自责是没有用的。你必须接受现实的处境，也只能如此，然后接受教训，继续向前走。我是撞了南墙才知道它到底有多疼。对于我，直觉不会出错。

我们必须接受，犯错误是不可避免的。我们会时不时会被自以为是引入岔道，但那没关系。如果你发现自己误入岔道，你会知道，这会磨砺你的直觉，在下一次需要它时，你就知道仔细去聆听，同时运用逻辑。下一次遭遇坎坷，再次想说“你看，我就知道这不行”时，你会发现，你的黄灯已经常明。你思考问题将会更加审慎以保护自己，无论事关工作、恋爱还是可以影响到你健康的任何事情，你都会信任那种“我就知道”的感觉。但请记住，你不必亲历闯红灯也能知道这一点，可以现在就把黄灯打开。

现在我心中的黄灯是最受我信任的顾问。它可以比逻辑更可靠。它很了解我，它知道我的局限和我的能力所不及，即使我的内心想据理力争也无法否认。它知道我什么时候该放慢脚步，什么时候该停下来，什么时候该说不。这盏灯早已点亮，它轻轻地跟我说，如果我要继续前进，一定要小心谨慎。它让我的生活充满正念，分清哪些是我自以为该做的和该怎么做的，哪些才是真正适合我做的。

第十章

真相 10

不存在终极目标

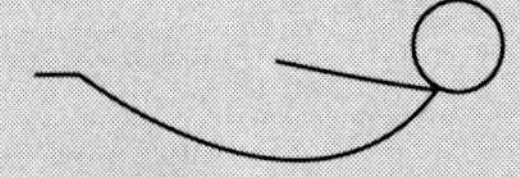

就像往来于东京新宿站或纽约中央车站的上下班人群一样，我们大多数人一生都在艰难跋涉，一步一步奔向一个说不清是什么的“最终目标”。很多时候我们都浑浑噩噩得过且过，但在内心深处相信，当到达遥远未来的那个神奇的最终目标时，星星将齐聚一堂，幸福将达到顶点，目标将会实现，各个达标框里都打上了勾。我们现在所经历的一切，高潮和低谷，都没有白费。

所以多少年来我们都觉得，这个最终目标很值，认为要不是有这个目标，我们早上起床都没有动力。很多人长期承受着压力，多年埋头于越来越厌倦的工作，或者坚持一桩错误的婚姻，同样越来越厌倦，却认为它对实现目标必不可少。这个最终目标是挣更多的钱，或者不用再辛苦工作，或者是结婚，或者取得成就受人尊重，或者某种满足感，一幅我们在银幕上看到的完美生活的画面，当然是那些结局美满的画面，总之就是我们心目中看起来特别美好的生活。如果你想知道你的“最终目标”是什么，它多半是你一直以来的生活动力，是你不惜在教育和职业上为之付出的东西。为了找到答案，你要做的就是用“将来有一天”开始造句，让大脑自动填满后面的部分。

通过勤奋工作，很多人达成了那个目标，这很值得庆贺。可有些不幸的是，达成目标的那一刻，尤其这个目标是职业目标的时候，球门移了位置。“现在怎么办？”他们问自己。

退休后，人们会退出快节奏的，以目标为驱动力的生活方式，并设想他们“将来某一天”的生活图景。可在庆幸无须再被一份工作耗费时间和精力的同时，他们知道，完全无所事事绝对是个恐怖的图景，所以这绝不能是自己的下一个目标。资本主义和西方社会所描绘的最终目标，以及实现这一目标的手段，并不像所说的那般美好。他们要么朝着下一个目标前进，想办法先弄清楚那个目标是什么，怎么做才能填补空虚，要么希望能回到过去，回到他们有大把时间大展宏图的年代。他们不再去想“将来某一天”，而是把注意力转移到“今天”，试图把今天过得很充实。

我把这个真相放在了最后，原因是，在迄今探讨的所有事实真相里，正是这一个对我的生活产生了最为深刻和积极的影响。我30岁出头还年纪轻轻就明白了这个道理，这是我最引以为豪的成就之一，虽然这在档案里不会写上，领英（LinkedIn）对我的介绍里也找不到，我当然不会因此获奖，也不会把奖牌加个框挂在墙上。

话虽如此，我相信，这个心得现在虽无人知晓，可在我这里永远经得起考验，直到人生终点。所以，亲爱的读者，我想将它与你分享。

要真心接受这个事实，需要反向拉伸精神肌肉进行矫正。就像之前尝试开辟新的神经通路一样，一开始它会感觉有点僵硬，你会遇到一些阻力，你会发现自己正在努力抛弃人生中所曾接受的关于目标的一切，和20世纪后大多数人习惯的总要追求点什么的生活方式背道而驰。

但如果你决心再来一次观念转变，而且像我一样做到了，我要跟你说，你完全可以期待获得“大码”歌手利佐[①]一般的自信和解放。放弃最终目标，事情不仅会变得更轻松，还会变得更有趣。压力消失了，这绝对是件好事。有个朋友最近跟我说过，只有轮胎才需要压力。

这一个事实真相就是，人生不存在最终目标。

人生没有必要设立一个终极目标。我可以大胆地说，这或许是美好生活的真谛。

下面是它的原理。

我们都看过一些电影，讲一个老人悟出自己生命里真正重要的东西——解包出来各种幸福原料——却为时已晚的故事。但是你不必等到变老或者遭遇人生变故后再转变观念，你现在就可以知道，这才是逻辑上更有智慧、更充实的生活方式。

先要说清楚的是，不再有最终目标并不是说你的生活里没有目标，而是说你决定按照自己今天的想法生活，不是明天的，不是某一天的，而是今天的；按照你对自己的下一个24小时和此后一周7天期待的样子生活，你的生活依照的是你的价值观和眼下的重心，而不是你为自己描画的远方；或者你心中希望在派对上被介绍的形象与身份。实现这个目标自然也需要工作和努力。

我给你举个例子。几个月前，我遇到了一个出租车司机，我们聊起了工作，他告诉我他曾经是一家大公司的首席执行官。在传统意义上，他相当成功，行走于爱尔兰的上层社会。

---

① 莉佐（Lizzo），原名梅丽莎·薇薇安·杰斐逊（Melissa Viviane Jefferson）。——译者注

“哇！”我说，“你真厉害。”老实说，这场对话我没有很投入，我只是为了聊天而聊天。但他滔滔不绝，很快我就竖起了耳朵认真听起来。他告诉我，在他事业的巅峰时期，发生了经济危机，一切都垮了。他不知道该怎么办，但又需要继续赚钱。于是他开始开出租车来渡过难关，直到尘埃落定，经济好转，他可以穿回西装和皮鞋。然后他告诉我，经历了这大约一年，他对一些事情的看法发生了变化。这一年来，他不再不分昼夜地被囚禁在办公室。他结识了各行各业的人，谈话丰富多彩，他从中得到了很多乐趣。他在开出租车的队伍里交了几个好朋友，每天早上都和他们一起喝咖啡。他没有任何压力带回家，也无须熬夜。他身上毫无压力，他挣的钱足够他的消费，而且还有结余。再多挣点当然也很好，但那不是最主要的。

他每天高高兴兴地起床，高高兴兴地去上班。他每天都可能遇到新鲜事，总是兴致勃勃的。他能抽出时间和家人在一起，隔三岔五找个附近的城市来一场短途旅行，为妻子做一顿美餐（他的前一份工作让他几乎从未和家人一起吃过晚饭）。下厨让他有机会进入心流状态，这是一个他都已经忘记的状态。他意识到，从前的职位他以为是最好的，可那没有给他满足，更不用说快乐了。他的压力水平极高，长期承受这样的高压让他甚至都没有觉察这已经是常态。他对自己的不适感习以为常，他想知道这些年来他被驱动着追求的最终目标是否是他的初心。

但是，开出租车当初只是权宜之计。然后，当经济开始复苏时，商业机会又来了。这一次，他却犹豫不决了。他曾是个雄心勃勃的人，不回去重操旧业怎么行？可什么才真正适合他？想来想去之后，也就是调到了黄灯状态，他和妻子进行了一次长时间的交谈。他对她说，他很抱歉，但他不想再回企业界去奋斗。事实证明，他真的很喜欢如今的生活。

承认当前比以前满足让他感到脆弱。他是不是只捡容易的选呢？他不是应该更勤奋吗？他觉得妻子会给他脸色，这反映出他正在竭力克服羞耻感。而当妻子问他什么是对他真正重要的东西时，他列出了开出租车这个新职业所能给予他的一切：时间、满足感、社会关系等。这让他意识到这才是真正的目标，他已经每天都在实现着这一目标。妻子跟他说，他没什么可道歉的。我坐在后座，心里描画着这对可爱的、相互支持的夫妇，时不时地应一声。我心想，要是当初他们谈的是工作光鲜不光鲜、令不令人羡慕等问题，那么还有什么比发现自己已经生活得如此美好更令人羡慕的呢？

他该庆幸自己意识到了他之前的人生轨道本不该有最终目标，他那时一直在按着社会期望生活。

他在脆弱中找到了力量，于是继续开出租车，他认为这是一份礼物，几乎可说是秘诀。这个新发现的满足感成了他最大的成功，他确实选择了一条不同的路，但那是条适宜的路，是条满足他真正需求的路。我不是说我的想法就一定正确，但我就是觉得这个人特别不简单，我经常想起他，可我甚至不记得他的名字。那位不知姓名的出租车司机，如果你恰恰读到这一段，请让我谢谢你给我上的人生一课，告诉我什么才是真正重要的，并提醒我永远不要评判另一个人的成功。

在分享这个人的故事时，我并不是想说，公司的CEO职位是摧残灵魂的工作，我可不想得罪那些朝九晚五上班的人，我一点那种意思都没有。这份工作不适合他，但适合你，它会给你带来世界上所有的满足感，你会为解决一个复杂的问题或者看到自己的团队和自己取得的进步感到满足和兴奋。重要的是，你心中的黄灯向你示意，这份工作适合你。

我有个闺密是保险精算师，她工作的时长难以想象。这是一个高风险的工作，数百万欧元的交易在她的手中悬着。这对我简直是最可怕的噩梦，可她热爱它，不怕这工作的高难度，无法想象自己会从事任何其他职业。这份职业完全符合她的价值观，这样的日子完全是她想要的，她没有想着为将来某一天而活，她活在了每一天。

我也不是想说，我们应该完全放弃目标。我也完全没有这个意思。我那个精算师朋友为了能全神贯注，不偏离方向，为自己制定了大大小小的短期和长期目标。可以明确，如果她对这份工作十分憎恶，哪怕实现了最终目标，比如说成了合伙人，她依然会憎恶它。这时她必须问自己："这样做的意义是什么呢？"挣更多的钱？是的，钱一定是动力之一。但是更多的钱不会让你比现在更满足，尤其是当"享乐适应"开始生效，这怎么会是她想要的人生目标呢？这是不可能的。

目标很重要，它可以令人受到激励、感到兴奋；它可以帮助人们找到人生意义。只要所追求的目标正是自己特别看重的，它们的作用真的很强大。而一个人看重什么往往取决于这个人的核心价值观和生活方向。如果目标意味着健康受损，依我看，那就不是一个值得拥有的目标。

从大学选课到职业生涯初试锋芒，我们都强迫自己制定明确的最终目标。这个目标常常是根据自认为美好的东西创造出来的，然后我们向着目标前进，从不停下来评估和检查一下，看看它是否仍然是我们想要的东西，或者是否仍然值得追求。

逆境往往让人的目标发生变化，但正如书中所讨论的其他真相一样，既然已经明白，就不必等事到临头才去创造最利于自己的生活。我们不傻，知道现在就该做起。

然而几年前，我还不懂，我需要受些打击。我野心勃勃，极有竞争意识；我想赢，每一件事上都争第一；我特别看重认知，我对认知的看重远超每天的真实感受；我想在那个社会阶梯上一直向上爬爬爬，不计代价。最终，在追求这个永远都不满足，一直在变化的最终目标时，我摔跤了。现在你已经知道结局，我别无选择，只好辞掉工作，因为焦虑让我心力交瘁。

我很久以后才重新走出来。此时，我向自己保证，无论今后做什么，无论我会在哪里转弯，选择哪条路走，我都把维护自己的身心健康放在第一位。请别误会我的意思，我仍然是个积极上进的人，想成就伟大的事业，但是我会把目标制定建立在我的价值观的基础之上，从而确保我不会再迷失自我，比如健康永远是我的第一动机。

“你的最终目标是什么样的？”这是近年来我经常被问到的问题。我很难回答这个问题，这有几个原因。我想说：“呃，老实说，我想我的目标就是继续目前的工作。”其实就是保持这几年我一直在构筑的满足感基线，而我的职业追求在其中发挥了重要作用。对此回答大家的反应是奇怪，我这个年纪的人没有最终目标很少见，一般都习惯不停索取，索取，再索取，像我这样表示自己对现状很知足的很少。同样，大家习惯认为，“当……时，我就幸福死了”，或者“要是……的话，我得高兴坏了”；大家都不觉得现在该幸福；幸福是——你猜得不错——将来某一天会到来的东西。

我也会对自己说“我希望这本书有一天能畅销”或者“这另一件事要做成了将是一个伟大的成就，我的遗愿清单里又可以勾掉一项”。一方面，我想做一个TED演讲，因为那对我是个挑战。说真的，做这个我需要来点酒壮胆。我猜，要是进展顺利的话，我心中会油然升起满足感和荣誉感，那享受有如轻柔的背部按摩，要说这不是动力，那绝对是撒谎。个人的成就能让我振奋，挫折催促我奋发，但我敢肯定，我的满足感基线和自我价值水平并不取决于它们。

我今天所有的目标，绝大部分都符合我的价值取向。我想健健康康的，我指的是身心双健康；我想有好的睡眠；我想维持现有的对我意义非凡的各种社会关系，也希望自己有能力令他们的生活面貌有所改观；我想和一个女性朋友一起分享一壶茶，聊聊最新的“八卦”；我想和家人一起共进晚餐，拾回儿时姐妹间打打闹闹拌嘴的时光，这当然不是指闹到反目相杀的那种；我想让自己不那么讨厌早起；我想花更多的时间和我的老公聊天，并且总是优先安排一起吃饭的时间；我想把我的狗打扮成《小鬼当家2》中的鸽女形象出去溜，不在乎别人的目光，反正他们的目光关注的不是我；我想租部网飞的片子来看，瘫在沙发上假装养神，实际却已经思绪飘远、陷入沉睡，这才是我感受到的安逸；我想写书、想做演讲、想制作播客，帮助读者和听众改变生活现状；我想不断地学习新东西；我想在一周的当中一天吃法式吐司；我想挣钱，能足够维持上述的一切；如果需要，我想有应急资金。

虽然这是一个很长的清单，但它们都是相当保守的目标，不需要成为百万富翁或世界知名人士才能实现。而且，除应急资金外，我都已经实现，我没有再高的目标了，不过，我不会拒绝电商ASOS[①]的折扣码。

要说有最终目标的话，那就是维持这些目标。如果这时我的脑海里闪现一个前景看好的目标，但假如它需要牺牲掉上述之一，我肯定会质疑它们是否值得追求。如果它们有损健康，我会断然拒绝。

为了避免陷入最终目标的陷阱，我建议你从清点当前的目标清单开始，从剖析你可能有的任何最终目标开始。

※ 你目前有哪些目标？

※ 如果你心中有一个最终目标，那是什么？

※ 拿出一张纸，跟自己唱反调来挑战这个目标，发现为什么它会激励你。

※ 达成目标时你期望的是什么？

※ 你享受追求这个目标的过程吗？

※ 你会达成这个目标吗？你会因此感到满足吗？

※ 这种满足感能维持多久？

※ 你所有的付出都值得吗？

※ 你这些付出真的是为了你自己，还是为了别人，或者是为了别人对你的看法？

下一步是审视自己的核心价值观。这时不要受理性认知的影响，撇去浮华，允许自己脆弱。这是个可以独自做的练习，没有人对你进行评判。不要因为怕丢脸而去选择那些社会认可的却非自己认同的价值观，像“回馈慈善”之类。即便你把名和利排在最前面，都完全没有问题，

---

① 电商ASOS是英国一个创立于2000年全球性的时尚服饰及美妆产品线上零售商。——译者注

因为这就是你的价值观，它贯穿你的各个目标。

※ 在生活中什么对你真正重要？

※ 当你老了、头发花白的时候，你认为什么对你很重要？

※ 它现在重要吗？

※ 如果你的生命就要终结了，你希望自己对周围亲朋好友有什么样的影响力？

这有点过分了，但是相信我，这有助于你厘清自己的价值观。你的核心价值观应该反映你的优先事项。它们应该鼓励你实现你的目标，他们应该帮助定义你是谁，你想成为什么样的人。

再下一步是回想你的生活方式。

※ 你每天是怎么过日子的？

※ 你想怎么过日子？

※ 你还有力量从事其他想做的事务吗？

我知道，回答这些问题不像说起来那么简单。你会说“呃，卡罗琳，我不想花很多时间跟在孩子屁股后头收拾，不想在全职工作之外还要照顾一大家子人。我讨厌那份工作但又没办法不做，我还有房贷要还”。对很多人来说，这情有可原。不得不做那就要去做，这是现实。但我们确实可以做到思考怎么让目标与渴望相一致。我们可以问自己，这个最终目标是否真的有好处，值不值得我们为之奋斗。对于已经确定的目标，我们可以微做调整，令其符合我们的核心价值观，至少要确保它带给我们某种享受。

你目前的生活方式在哪些方面是和你的价值观一致的？你的最终目标——或者其他的某个目标——在哪些方面成就了你想要的生活方式，

进而体现你的价值观的？为出人头地所做的一切奋斗能否带给你梦想的生活方式呢？如果不能，那么这是一个明智的目标吗？如果追求的目标不是不合适，我们会像车轮上的仓鼠，追逐着永远达不到的终点线，或者即便到达了，却发现是一场空。别再让最终目标驱动你的生活了，取之以你的价值观和梦想的生活方式吧。别指望等到将来某一天再去做，现在就开始吧。

当你的目标、价值观和生活方式三位一体时，你可以期待获得我在本书开头提到的自由和解放。

思考时刻

要弄明白自己当前在哪里，在走什么路，去往哪里可能需要花些时间，尤其是考虑到我们对此已经浑浑噩噩稀里糊涂了这么多年。

一定要允许自己脆弱，这对你思考什么是自己核心的价值观和什么是让自己身心和谐的生活方式都是很重要的。这对重新调整目标以符合自己的价值观也是如此。转变成见和习惯不容易，但是值得。例如，我们原先优先考虑的是银行账户余额，现在把它换成健康。

如果你有纠结，拿不准哪些是于己真正重要的目标，那就把打造轻松心态设为目标吧。这个是人人都需要，却被很多人遗忘的，从这里下手肯定错不了。

那么如何实现这个特定的目标呢？我想送给大家两句话，这是我的朋友汤姆不久前对我说的，它完美地概括了我在本章中想要表达的一切。那就是：一个人不是想着想着好日子就来了，而是过着过着好想法就来了。

篇尾语

亲爱的读者，这就是本书的所有内容了。十个不复杂的事实真相，有助于你享受生活真味；十个对人类行为的观察，其中没有一个声称解开了迄今不为人知的秘密，却提醒你，你始终是自己生活的主宰者；十个来之不易的个人心得，放大美好事物的同时，大大地降低了我生活中的压力和焦虑；十个想法，汇集在一起，展示了大家唯恐避之不及的脆弱力量，以及肆意展现真我的快乐；十条真理，拥抱它们，你就是心平气和的自己。

诚然，你还没有准备好或者还不情愿在社区里裸奔，对卸去衣物，一丝不挂，示人脆弱还只停留在读书之后的向往阶段。我自己在准新娘聚会上就是如此，有照片为证，当时没注意有摄像头。但我希望，现在你至少已经改变了对脆弱这个常见的人类属性的看法；我希望你像我一样，在决定将生活拐向真实时，你能如释重负，这个真实不仅是对自己，也是对周围人；我希望你有勇气质疑和面对那些容易误入的、坑人的消极破坏行为和思维陷阱；但不止如此，我还希望你用本书的观点武装自己，做出必要的调整，创造你期待的生活，它就在前方翘首以盼，等你拿取。

你还希望我最后再来点建议？那就建议把这本书放在你随时够得着

的地方吧。床头柜就不错，是不是？每当你感到一丝怀疑潜入，或是对脆弱的害怕情绪浮现时，就去读读相关的章节，让那些话语和氛围紧紧裹着自己。快快翻烂书页、拿起荧光笔吧。别怕弄脏书页，别怕在页边做笔记！对一个作家来说，翻破的书页是对其最好的赞美。但是，在你试图靠近这些事实真相的时候，一个也好，全部十个也罢，请别评判。我不是说别评判我，那没问题，我是说别评判你自己。在最近一次为我的系列丛书做的名为“掌控焦虑：焦虑播客”的采访中，我和行为神经学家迈克尔·基恩博士坐在一起交谈。我已经算是一个非常推崇自我关怀的人了，而听了他的话我就更坚定了。他说，如果自我关怀是一颗疗愈药丸，那么谁都想每天早上吃上一粒，自我关怀的力量和积极影响就在于此。基恩博士是一个神经科学家，不是嬉皮士（嗯，他完全可以是个嬉皮士神经科学家），所以如果他说他亲自验证了自我关怀在生物学层面上对大脑产生的积极可见的影响，我就愿意笃信无疑。

请你就像善待别人一样善待自己并享受你个人的发展吧。但请始终记得，生活永远不会没有疑惑，也不需要没有疑惑，此处请大声说出真相1。我们也不要指望能到达某个最终的目的地，那里繁花似锦秩序井然，这是真相10。我们所期望的就只是更好地理解自己为什么有着目前的思维、情绪和行为方式，从而能够主动地提升今天的乃至往后（henceforth）每一天的生命阅历。

很高兴用了“henceforth”这么个高级的词。但愿我以前的英语老师普里兹曼女士（Ms. Prizeman）能看到此文。

致 谢

善良的读者，感谢你们付出时间阅读本书并一路读到“致谢”这一部分！如果你们是我的老读者，从第一本起就一直支持着我，那我要再次谢谢你们。你们的支持、鼓励和反馈之于我意义非凡。

感谢我的出版商哈切特给我又一次机会书写我心中所想。特别感谢我的编辑希拉 · 道利（Ciara Doorley）的信任和指导；谢谢乔安娜 · 斯迈思（Joanna Smyth）和伊莲 · 伊根（Elaine Egan）；感谢凯瑟儿 · 欧盖拉（Cathal O’Gara）为本书设计了美丽的封面。

感谢我的文学经纪人费丝 · 奥格雷迪（Faith O’Grady）一再容忍我的“再说一次，版税是怎么回事？”等问题；感谢我的另一位童话教母般的经纪人艾米 · 巴克里奇（Amy Buckeridge）一直以来对我的支持和建议。

感谢乔 · 蓝涵（Jo Linehan）阅读了本书的各个章节，并在我有一次感到脆弱恐惧时将我挽回正轨；感谢我的家人；感谢我最好的朋友们——你们自己是谁自己知道——是你们让我可以随时主持小组访谈；也感谢路易丝 · 奥尼尔（Louise O’Neill），感谢您作为一位令人惊艳的爱尔兰作家却随时为我提供建议。

最后感谢我的丈夫巴里（Barry），容许我享受这段关系中的“外卡选手”待遇（指一个人可以四处转悠写写自己的感受，而另一个朝九晚五地工作挣钱养家）。我爱你。

（请继续阅读以下内容）

《自信大礼包：学会掌控恐惧》节选

卡罗琳·福兰

如果你读本书为的是变得“无所畏惧”，那么本书不适合你。很遗憾，我不是一个身揣秘籍的人，要把守了多年的秘诀送给你，让你永远摆脱一切恐惧，拥有雄狮般的自信，在非洲平原上昂首阔步、大摇大摆。

无畏不该是目标。

期待自己永不会恐惧如同期待永生没有压力一样不现实。如果你以此为目标，我祝你好运，但我帮不了你。但是我能帮你克服恐惧，学会建立自信，采用一些具体的策略，把恐惧化敌为友。还是废话少说。

另有一个免责声明。打开一本名为《自信大礼包》的书，你期待作者是个自信心爆棚，是跳出飞机也轻松得如同点一份美式早餐般的人物。真是这样吗？错。但是等等，先别急着合上封面弃读本书。

我要让大家知道，这本书不是对关于不能预知的突发事件的恐惧。比如有人手举斧头对你行凶，你恐惧万分，那不属于你能摆脱的恐惧的范畴。本书针对的是可预知的恐惧，对失败的恐惧即是此类，它令人裹足不前，畏畏缩缩。

举个例子吧。一说起透明这话题我就害怕，具体地说，我是害怕说不清楚。这种害怕就是对可预知的失败的恐惧。很多人都知道，我的自信就经常在关键时刻掉链子。

但请大家仔细思考片刻。你挑选这本书一定是想变得更加自信和勇敢；一定是你厌恶妨碍你进步的恐惧情绪。那么，你怎么能指望从一个从未感受过恐惧的人身上学到掌控各种恐惧的技巧呢？那不是如同跟着一个只读过说明书却从未真正驾驶过飞机的人学习飞行一样吗？所以，请放心，我正在驾驶舱里，就坐在你身旁。咱先来熟悉恐惧，这是建立自信的第一步。

为了更清楚，你必须知道，这是我写的第二本书。也许我的第一本书，《掌控焦虑》（*Owning It*），正美美地永久占据你的床头柜；也许你从没有听说过这本书，也没听说过我这个人，只是因为喜欢封面的色彩，才拿起了本书。我不怪你，谁也没规定不能以貌取书啊。不管出于什么原因，我都想再说两句，确保我们想得一致。

我初尝写作面向的读者是各种挣扎在焦虑情绪中的人。有轻度的，时不时担心这担心那；有重度的，重到身体机能会短暂丧失。我是后者。那是很久以前的事，正是因为有这段斗争经历，我写了第一本书《掌控焦虑》。为了印证研究动机的演讲家金克拉（Zig Ziglar）在其《与你在巅峰相会》（*Over The Top*）一书中提出的一个概念，我在书中以时间为顺序记录了自己一路从竭力战胜恐惧求生存走向平稳安定的历程；或者更具体地说，记录了我从惊弓之鸟般的生活里走出，迈入每天心平气和的生存状态的经历。

本书与上一本息息相关，一以贯之的是我的个人经历。我此时处于稳定期，待在安全的舒适区里。但我知道，真正的成功虽有各种不同的形式，却存在于舒适区之外，存在于不那么安全的地方。虽然我已经能有力掌控患了多年的极度焦虑症，但我是个社会人，还是个要求上进的社会人，我建立自信需要工作。

随着我一步步走来，本书把网撒得更广，不再仅针对“焦虑症患者”，也纳入了恐惧症患者。恐惧是随着人类的进程已经变得有害的不良情绪之一，而且除非切除大脑杏仁核，否则几乎所有人都有这个问题。

这本书教你与恐惧相伴而成长。因为如果你和我是一类人，又骄傲又有激情，那你必须承认，在成长路上，恐惧和焦虑都将与你相伴相随。然而你将学到的是，恐惧和信心是同一枚硬币的两个面，哪一面获胜取决于你。

从战胜恐惧求生存到欣欣向荣谋发展是最具有挑战性的历程。许多人在此过程中抱有各种迟疑、自我怀疑和恐惧。金克拉认为，这个阶段是人们从稳定状态走向成功的必经之路。

金克拉历程的最后阶段是带领人们从成功人生走向意义人生。这是一个大飞跃，我还在摸索。

我以后一定再跟大家交流。

我必须声明，阅读这本书不必先读《掌控焦虑》，这不是《指环王：双塔奇兵》。你也不一定非要自己有焦虑才可以阅读这本书。但如果你确实读过我的第一本书，并且已经掌握日常处理焦虑的技巧，正惬意闲坐，你会发现，《自信大礼包》教人扩展舒适区，精进技能，从而让生活不是断离焦虑或其他不良情绪，而是充满着不断地超越成功、享受成功的体验。这类似健康生活不能简单地定义为斩断疾病，而应该是活力四射，有着健康的身心和理想的社会交往；需要吃得好，有适度的锻炼，把身体和精神养好，保持最佳功能状态。同样的逻辑适用于个人成长。

无论大家迄今各自都经历过什么，唯一的共识是，我们聚在这里，情绪基本稳定，共同渴望奔向各自心中的成功。这也许是成功地在朋友的婚礼上发言；也许是得到梦寐以求的晋升。而且我们大家都在此过程中遭遇了恐惧，它向我们竖着中指，骂我们是笨蛋。

大家阅读本书之前，先听我简要介绍我的成长之路。

2014年，我开始着手写作《掌控焦虑》。尽管“万事皆顺”，我还是焦虑得跌了一跤。这既是比喻意义也是字面含义上的摔了一跤。我经历了一次相当严重的精神崩溃，起因是些鸡毛蒜皮的小事，时间跨了好几个月，痛苦异常。这些事件对我的生活方式产生了巨大的影响，留下了永久的伤疤。其中一件事造成了我的灾难化思维倾向，万事只往坏处想（这太糟了），另一件是出版了一本畅销书（这个不太糟）。那时我需要挑战的是把头挣扎出水面，像一个“正常”的人一样呼吸，做一些简单的事情，比如不慌不忙地走出家门。我想改变我与焦虑之间的关系，让它不能再主宰我的生活。我的目标很简单。我必须回到最基本的正常生活，减少不断侵扰身心的焦虑感觉；能睡囫囵觉；社交没有逃离的冲动；最后，能去理解而不是害怕身体的压力反应。

后来我的状态渐趋平稳，可以相对轻松地过正常的日子了。这可谓一个巨大的路障被成功地搬离了。可是就在这时，一个让我终生难忘的机会来了，那是一份出版合约。这是个从安稳迈向成功的跨越，是个巨大的引诱。我感到难以置信、异常兴奋。可陶醉的感觉渐渐褪去，一系列新的焦虑向我袭来，包括但不限于以下几点：

“糟了，你到底答应了什么？糟了，糟了，糟了！太糟了！你真能写书？”

“你的写作能力行吗？”

“你自己还时不时感到焦虑呢，这个时候能写这类书吗？”

“你又不是专业研究心理学的，你有什么资格跟人家说怎么管理焦虑？”

“你难道不应该把往事翻篇继续向前走，干吗把这些都翻腾出来？”

“你会不会再次被焦虑牵着鼻子走？”

“写这本书有好处吗？”

“会不会都是吹牛的话？没错，这件事一定会被搞砸。”

“人们会怎么看你？”

“要是再焦虑怎么办？”

就这样，我不停地做着思想斗争，尤其在凌晨2点到4点之间，这时正是理性的、高级的思维脑区忙于休息，非理性的儿童脑活跃的时段。

长话短说。我当时想快点儿走出这困境，而我的确做到了。我完成了书稿的写作。虽然过程很艰难，其间自我怀疑如瘟疫般纠缠，但我做到了。完稿的时候我的成就感无可比拟。然而，对于我这样一个人，焦虑并没有就此结束。我意识到我还有很多东西要学，还有一套新的技能要磨炼，这些很积极地促成了我的第二本书。

《掌控焦虑》获得了成功，可一系列的期望也随之而来，我又感到新的不安。我面临国家电视台和媒体的直播采访，接到在数百人面前公开演讲的邀约。这期间我焦虑的大脑一直在呼喊：“我有焦虑症，你们没读过我的书吗？我宁可吃掉胳膊也不愿再经历往事。”

在不算长的时间里，我终于完成了一个蜕变，从坐在沙发上忐忑不安、害怕走出家门，到能够面对死亡还要可怕的公开演讲。我真的有这能力吗？太震惊了。更别提写读这本书时我遭遇的恐惧和迟疑了，我真信了有续集综合征。实在很讽刺，我对写一本关于恐惧的书一直有极大的恐惧。

但是在应对一个个挑战的过程中，我找到并发展了一些很有用的技术、窍门和做法。我做的采访、陈述和公开演讲越多，我的恐惧就越少。我的意思是，在某些场合，一想到计划中的广播，采访或在讲台上对着一群人讲话，我还是会有想呕出早餐的恐惧感觉，但现在我有想法、有知识（懂得我的身体为什么会有这样的反应），最重要的是，我还有经验。

在这本书中，我将带你去看看我用了什么办法应对挑战。它们让我不再害怕对挑战说“好”，大大提高了我的自信心。同时，它们让我有也不再害怕说“不”，这也很重要。值得注意的是，公开演讲之于我绝对是挑战，但之于其他人类似参加个派对、约个会一般轻松。我想说的是，挑战与否都是相对的。但愿你能从中有所收获，有勇气跳出自己的舒适区，进入成功领域。

在我的第一本书出版之前，我已经掌握了一些办法与焦虑和平相处。但是，能让我在舒适区之外游刃有余地生活所需的办法还不多，自信心也不够。在任何情况下，我都有这样一个选择：我可以向恐惧投降，躲在安稳的茧中舒舒服服地过日子；我可以拒绝第二本书的邀约，拒绝演讲和访谈，那会让我过得安稳轻松。或者，我可以振作精神，找出切实可行的方法掌控恐惧，从而使我离成功更近一步。我可以选择躲在心结的后面不出来，也可以接纳它们。我选择了后者，我想你同样会选择后者。

选择一个工具包，继续为我服务。工具礼包就是这本书。《自信大礼包》将我们许多人正在应对的心理障碍加以利用，帮大家走上各自版本的成功之路。至于是什么版本，这取决于自己的基准、价值观和信仰。

对恐惧的反应有一个特点，那就是它不由自主。有些人觉得这点特别讨厌。但当你读到最后一页，你会相信，它是成功的一个环节。所以一定要发现、掌控恐惧情绪，并及时进行处理。

基于上述观点，我只有一个要求。别梦想把自己打造成无所畏惧的人，那是错误的幻想。你需要接纳恐惧，把它当成自信心的组成部分。和人们普遍的看法以及恐惧呈现的生理效应不一样的是，恐惧并不说明缺乏勇气，也不说明缺少自信。相反，恐惧会召唤信心。问题是，你是会被恐惧吓倒，还是会分析进而应对它？

你要掌控它吗？

下面我讲一下这本书的结构。《信心大礼包》分为三个部分：

第一部分探讨恐惧到底是什么。例如，可预知的恐惧和遇到突发恐怖事件时产生的恐惧之间有什么区别？为什么我们害怕失败？恐惧的大脑机制是什么？恐惧是不会消失的，所以要真正增强我们的信心，我们需要接纳和管理恐惧。

这本书还涉及什么是自信，什么是勇气，以及为什么完美主义是通往自信之路的主要障碍，以及其他重要话题。我梳理了舒适区的概念以及其他或利或弊的各种生存状态，拣出科学及心理学中与之相关的内容外加一些专家的见解，尽可能实事求是。这些内容很关键，其重要性不亚于用于打造自信的实用工具。为什么呢？因为准确深入地了解自己要对付的对象，比方说它的运作和形成机制，可消除不少恐惧因素。我个人感觉，要是不知道恐惧的本源我会觉得难受。这些知识有助于帮你掌控局面。它们能给你力量，而且它们本身也是工具。

第二部分谈我在管理和控制恐惧情绪中经常使用的策略。着重谈工具，像“恐惧黑客”“回避”还有斯多葛学派的著作里找得到的其他可用的工具等等。这一部分以条目的形式将工具连续列出，你可以按顺序阅读，从“目标设定”开始，到“重复”，再到“晚间各种小烦恼”。但是如果你对自己了如指掌，你可以重点并反复浏览和你最相关的部分。这没有定规，你不必同时用上所有的工具。但是，我强烈建议你在阅读工具礼包这章之前，一定先认真了解第一部分所谈的内容及其机制。

阅读工具礼包这部分时，请准备好笔和纸。现在就去给自己买一本时髦的笔记本去吧。接下来就是采取行动增强你在自己领域里的自信。因为，无论你读什么书，假如你在恐惧面前不积极主动，一切都不会改变。

第三部分，也是收尾部分，是一些重要提示。如果你失败了呢？你该怎么办？你该怎么一步步去解决？如果你成功了怎么办？成功是目标，但我们当中有很多人成功的时候不知道要做什么。

只看目录会一头雾水。好消息是，书中所谈全是切实可行的。

准备好开始了吗？